高等职业教育计算机类系列教材

Flash CS6 动画设计与制作基础教程

主编　姜东洋

参编　张利平　孙　颖　何　芳

机械工业出版社

本书从 Flash 动画制作基础知识入手，详细阐述了 Flash CS6 的基本原理以及传统动画的制作方法。主要内容包括 Flash CS6 动画基础、素材的制作与导入、元件和库、图层与帧的应用、基本动画制作、高级动画制作、ActionScript 3.0 编程基础以及组件的应用等，最后通过综合案例剖析巩固所学知识。

本书通过大量的案例介绍知识点，讲解清晰明了，不仅适合 Flash 动画设计初、中级读者使用，而且也适合大中专院校相关专业及 Flash 动画设计专业作为教材使用，具有很强的实用性。另外，还可作为广大 Flash 爱好者、网站和课件制作人员培训教材。

为了方便教学，本书配备电子课件等教学资源。凡选用本书作为教材的教师均可登录机械工业出版社教育服务网 www.cmpedu.com 下载，或发送电子邮件至 cmpgaozhi@sina.com 索取。咨询电话：010 - 88379375。

图书在版编目（CIP）数据

Flash CS6 动画设计与制作基础教程／姜东洋主编. 一北京：机械工业出版社，2017.6（2024.8 重印）
高等职业教育计算机类系列教材
ISBN 978 - 7 - 111 - 57160 - 5

Ⅰ.①F…　Ⅱ.①姜…　Ⅲ.①动画制作软件-高等职业教育-教材　Ⅳ.①TP391.414

中国版本图书馆 CIP 数据核字（2017）第 145081 号

机械工业出版社（北京市百万庄大街 22 号　邮政编码 100037）
策划编辑：王玉鑫　　　　责任编辑：王玉鑫　王丽滨
责任校对：王　延　　　　封面设计：马精明
责任印制：张　博
北京建宏印刷有限公司印刷

2024 年 8 月第 1 版第 4 次印刷
184mm×260mm · 13.25 印张 · 331 千字
标准书号：ISBN 978 - 7 - 111 - 57160 - 5
定价：39.80 元

电话服务　　　　　　　　　网络服务
客服电话：010 - 88361066　　机　工　官　网：www.cmpbook.com
　　　　　010 - 88379833　　机　工　官　博：weibo.com/cmp1952
　　　　　010 - 68326294　　金　书　网：www.golden-book.com
封底无防伪标均为盗版　　机工教育服务网：www.cmpedu.com

前　言

　　FIash CS6 是专门用来开发网页动画的软件。它功能强大，易学易用，深受网页制作爱好者和动画设计人员的喜爱，已经成为这一领域最流行的软件之一。目前我国很多院校和培训机构的相关专业都将 FIash 作为重要的专业课之一。

　　本书从基础知识入手，按照读者的学习顺序编排章节，从基础到综合。根据初学者的需求，从实用角度出发，以循序渐进的方式，由浅入深地介绍了 Flash CS6 的基本操作和功能，详细阐述了 Flash CS6 的基本原理以及传统动画的制作方法。主要内容包括 Flash CS6 动画基础、素材的制作与导入、元件和库、图层与帧的应用、基本动画制作、高级动画制作、ActionScript 3.0 编程基础以及组件的应用等，最后通过综合案例剖析巩固所学知识。

　　本书理论结合实践，图文并茂，重点突出，选例典型，实践性和针对性很强。读者在学习理论知识的同时，对照实例进行操作，既加强了实践环节，也能够迅速地掌握 Flash CS6 的基本设计方法和技巧。书中所选实例综合全面，深度逐级递进，可以作为有志于 Flash 技术开发的读者学习 Flash CS6 的入门教材，也适于使用 Flash 进行产品开发设计的初级和中级技术人员参考。

　　为方便教师教学，本书配备了内容丰富的教学资源包，包括素材、所有案例的效果演示及教学大纲。凡选用本书作为教材的教师均可登录机械工业出版社教育服务网 www.cmpedu.com 下载，或发送电子邮件至 cmpgaozhi@sina.com 索取。咨询电话：010‑88379375。

　　本书由辽宁机电职业技术学院姜东洋任主编，孙颖、何芳也参加了本书的编写。由于编者水平有限，书中难免有疏漏和不足之处，敬请广大读者批评指正。

编　者

目　录

前　言

第1章　Flash CS6 动画基础 ……… **1**
1.1　动画设计综述 ……… 1
1.2　Flash CS6 动画设计简介 ……… 6
本章小结 ……… 10
思考与练习 ……… 10

第2章　素材的制作与导入 ……… **11**
2.1　绘制素材 ……… 11
2.2　导入和编辑图像 ……… 19
2.3　导入和编辑声音 ……… 24
2.4　导入和编辑视频 ……… 29
2.5　导入外部库文件 ……… 33
2.6　综合实例——MTV 播放器 ……… 36
本章小结 ……… 41
思考与练习 ……… 41

第3章　元件和库 ……… **43**
3.1　使用元件和素材库 ……… 43
3.2　使用公用库 ……… 55
本章小结 ……… 59
思考与练习 ……… 60

第4章　图层与帧的应用 ……… **61**
4.1　"时间轴"面板简介 ……… 61
4.2　图层操作 ……… 61
4.3　实例指导——管理 Flash 图层 ……… 68
4.4　帧操作 ……… 71
4.5　综合实例——过马路动画 ……… 77
本章小结 ……… 80
思考与练习 ……… 80

第5章　基本动画制作 ……… **81**
5.1　逐帧动画 ……… 81
5.2　传统补间动画 ……… 87
5.3　实例指导——骑木马动画 ……… 90
5.4　补间动画 ……… 92

5.5　补间形状动画 ……… 105
5.6　综合实例——足球之夜 ……… 109
本章小结 ……… 115
思考与练习 ……… 115

第6章　高级动画制作 ……… **116**
6.1　运动引导层动画 ……… 116
6.2　遮罩动画 ……… 121
6.3　骨骼动画 ……… 125
6.4　综合实例——中秋团圆动画 ……… 131
本章小结 ……… 134
思考与练习 ……… 134

第7章　ActionScript 3.0 编程基础 … **135**
7.1　ActionScript 3.0 简介 ……… 135
7.2　ActionScript 3.0 的基本语法 ……… 135
7.3　ActionScript 3.0 常用的内置类 ……… 136
7.4　综合实例——记忆游戏 ……… 149
本章小结 ……… 158
思考与练习 ……… 158

第8章　组件的应用 ……… **159**
8.1　用户接口组件 ……… 159
8.2　视频组件 ……… 166
8.3　综合实例——点播系统 ……… 172
本章小结 ……… 176
思考与练习 ……… 176

第9章　综合实例 ……… **178**
9.1　动感片头制作——生命在于运动 ……… 178
9.2　电子相册制作——视觉大餐 ……… 189
9.3　Flash 网站开发——新型团队网站 ……… 197
本章小结 ……… 206
思考与练习 ……… 206

参考文献 ……… **207**

第1章　Flash CS6 动画基础

随着个人计算机和计算机网络的普及，动画设计和制作也有了长足的发展。只要打开计算机，随处可以看到各种各样的动画，即便是复制文件或移动文件这样的操作，都会有一个简单的动画展示。网上浏览更如同进入了动画的海洋，如网站的动态片头、动态标志、动画广告等。打开电视机也是随处可见各种动画，如电视节目的片头、动画片、电影特效等，这些都是计算机动画设计的应用实例。

Flash 动画是计算机动画里的佼佼者，特别是 Flash 动画在计算机网络方面的应用十分广泛。Flash 动画的制作软件目前已经升级至 Flash CS6 版本。本书将以 Flash CS6 为主体来对动画的制作进行全面的讲解。

> **学习目标**
>
> ☑　了解动画的起源与发展
> ☑　掌握动画制作的原则
> ☑　了解 Flash 的发展历史
> ☑　了解 Flash CS6 的工作界面
> ☑　掌握 Flash 动画制作流程

1.1　动画设计综述

中国有句俗语"外行看热闹，内行看门道"，也就是说很多事物，如果不理解它的原理，就只能看出点皮毛，但如果懂得其原理，就能看出其中的门道。动画的制作也是如此。所以，在进行 Flash 动画制作的讲解之前，首先来讲解动画的定义、发展及原理。

1.1.1　动画的起源与发展

人类渴望用动态的画面来记录动作、表达思想的欲望可以追溯到什么时候呢？动画的定义到底是什么呢？第一部动画是什么时候问世的呢？这些问题都将在下面一一揭晓。

1. 动画的定义

动画是一个范围很广的概念，通常是指连续变化的帧在时间轴上播放，从而使人产生运动错觉的一种艺术。图 1-1 所示是一组蝴蝶振翅的连续图片，只要将其放在连续的帧上播放，即可看到蝴蝶振翅的动画效果。

图 1-1　蝴蝶振翅的连续图片

2. 动画的起源

（1）动画的欲望　自从有文明以来，人类就一直尝试着通过各种形式的图像记录来表现物体的动作。例如，在西班牙北部山区的阿而塔米拉洞穴（隶属于旧石器时代）的壁画上画着一头奔跑的 8 条腿的野猪，如图 1-2a 所示，这就是早期人类捕捉动画的尝试。

而在我国青海马家窑发现的距今四五千年前的舞蹈纹彩陶盆上所描绘的人们手拉手跳舞的图像中，每组最边上的两个人物手臂上画了两道线条，如图 1-2b 所示，这可能是我国祖先试图表现人物连续运动最朴素的方式。

再后来的达·芬奇的人体比例图中的四手四脚，如图 1-2c 所示，也反映了画家表现四肢运动的欲望。

a)　　　　　　　　　　　b)　　　　　　　　　　　c)

图 1-2　动画的欲望

a）8 条腿的野猪　b）舞蹈纹彩陶盆　c）人体比例图

（2）动画的雏形　1824 年彼得·罗杰特出版了一本谈眼球构造的书——《移动物体的视觉暂留现象》，其中提到了形象刺激在初显后，能在视网膜上停留短暂的时间（1/16s）。这一理论的问世，激发了动画雏形的快速发展。

1832 年由约瑟夫·柏拉图发明的"幻透镜"，如图 1-3a 所示，1834 年乔治·霍纳发明的"西洋镜"，如图 1-3b 所示，都是动画的雏形。它们都是通过观察来展示旋转的顺序图画，从而形成动态画面。

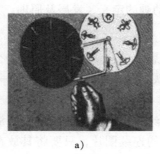 

a)　　　　　　　　　　　　b)

图 1-3　动画的雏形

a）幻透镜　b）西洋镜

（3）第一部动画片　随着科技的发展，具有现代意义的动画片逐步出现。在电影发明之后，1906 年，美国人小斯图亚特·布雷克顿制作出第一部接近现代动画概念的影片，名叫《滑稽面孔的幽默形象》，如图 1-4 所示。该影片长度为 3min，采用了 20 帧/s 的技术拍摄。

a)

b)

图 1-4　第一部动画片及其作者

a) 小斯图亚特·布雷克顿　b)《滑稽面孔的幽默形象》

3. 动画的发展

（1）传统动画的发展　20 世纪 20 年代末，著名的迪士尼公司迅速崛起，采用传统的动画技术制作出越来越复杂的动画片。该公司在 1928 年推出的《汽船威利》是第一部音画同步的有声动画片，如图 1-5 所示。而 1937 年制作的《白雪公主》，如图 1-6 所示，则是第一部彩色长篇剧情动画片。之后该公司又相继推出了《木偶奇遇记》《幻想曲》等优秀长篇动画片。

图 1-5　《汽船威利》　　　　　**图 1-6　《白雪公主》**

谈到动画的发展，还必须提到日本动画。第二次世界大战之后，日本动画开始快速发展。其中对后世影响深远的有第一部彩色动画电影《白蛇传》，还有后来的传世之作如《铁臂阿童木》《森林大帝》等，如图 1-7 所示。这些优秀动画片都为世界动画的发展起到积极的促进作用。

a)

b)

c)

图 1-7　日本动画

a)《白蛇传》　b)《铁臂阿童木》　c)《森林大帝》

中国动画的发展较美国和日本来说是滞后的，但中国动画在近代也有较大的发展。1926 年，万氏兄弟摄制完成了中国第一部动画片《大闹画室》。1941 年，万氏兄弟又摄制了亚洲的第一部动画长片《铁扇公主》，如图 1-8 所示，片长 80min，将中国动画艺术载入世界电影史册。

图 1-8 《铁扇公主》

中国动画片因为它独到的民族特色而屹立于世界动画之林，散发着独特的艺术魅力。1979 年中国第一部彩色宽银幕动画长片《哪吒闹海》问世，这部被誉为"色彩鲜艳、风格雅致、想象丰富"的作品，深受国内外好评，民族风格在它的身上得到了很好的延续，如图 1-9 所示。动画片《三个和尚》继承了传统的艺术形式，又吸收了外国现代的表现手法，在发展民族风格中做了一次新的尝试，如图 1-10 所示。

图 1-9 《哪吒闹海》　　图 1-10 《三个和尚》

（2）计算机动画的发展　从 20 世纪 80 年代开始，计算机图形技术开始用于电影制作。到了 20 世纪 90 年代，计算机动画特效技术开始大量用于真人电影，比较著名的有《魔鬼终结者 3》《侏罗纪公园》《魔戒》以及《泰坦尼克号》等，如图 1-11 所示。这些影片在电影市场上取得的巨大成功，也都从一个方面反映了计算机动画特效技术的发展。

a)

b)

c)

d)

图 1-11 计算机动画特效影视作品

a)《魔鬼终结者 3》　b)《侏罗纪公园》　c)《魔戒》　d)《泰坦尼克号》

1.1.2 动画的设计原则

动画制作的 12 条原则最初是由迪士尼公司于 20 世纪 30 年代提出的。迪士尼公司发现当时的动画制作不符合需要，于是为自己的动画设计师创办了绘画教室，专门研究动画模型和真人实景影片。于是，动作分析被运用到动画制作中，动画设计师们找到了表现精致复杂动画的方法，这些方法就成了传统动画的基本原则。这些原则要求动画制作者不但要有制作动画的技术能力，更需要具备敏锐的观察力和感受力，能够对时间安排、动作表现等细微之处有所体会，从而制作出更加生动、自然、逼真的动画。

下面详细讲解制作动画的 12 条基本原则。

1. 掌握时序

时序是指动画制作过程中，时间的分配要能够真实反应对象（物体或人物）的情况。例如，人物眨眼很快可能表示角色比较警觉和清醒，如果眨眼很慢则可能表示该人物比较疲倦和无聊。

2. 慢入和慢出

慢入和慢出是指对象动作的加速和减速效果。增添加速和减速效果之后，可以使对象的运动更加符合自然规律，因此该原则应该应用到绝大多数的动作中去。

3. 弧形动作

在现实中，几乎所有物体的运动都是沿着一条略带圆弧的轨道进行，尤其是生物的运动。因此，在制作角色动画时角色的运动轨迹也应该是一条比较自然的曲线。

4. 预期性

动画中的动作通常包括准备动作、实际动作和完成动作三部分，第一部分就叫作预期性。例如，在角色要快速跑动之前都会有一个撮脚的动作，这个动作就是预期性的体现。因为当观众看到这个预期动作时，就知道接下来这个角色要跑了！

5. 夸张手法

夸张手法用于强调某个动作，如动画制作常使用夸张手法表现角色的情绪。但使用时应小心谨慎，不能太随意，否则会适得其反。

6. 挤压和伸展

挤压和伸展是通过对象的变形来表现对象的硬度。例如，柔软的橡胶球落地时通常就会稍微地压扁，这就是挤压原则；而当它向上弹起时，又会朝着运动的方向伸展，这就是伸展原则。

7. 辅助动作

辅助动作为动画增添乐趣和真实性。例如，一个角色坐在桌子旁边，一边说话一边用右手做手势，同时左手在轻微地敲击桌子，这时观众的注意力一般会集中在主要动作上（脸部动作和右手手势），而左手的动作就是辅助动作，可以增强动画的真实感和自然感。

8. 完成动作和重叠动作

完成动作与预期性类似，不同之处在于它是发生在动作结束时。制作完成动作的动画时，一般是对象运动到预定位置后继续运动一小短距离，然后再恢复到预定位置。例如：要投掷标枪，角色需要先将手柄后移，这是预期性，接下来是投掷的主要动作；当标枪投掷出去后，手臂仍然要向前运动一段距离，然后才恢复到静止时的位置，这便是完成动作的体现。

重叠动作是由于一个动作发生而发生的动作。例如，奔跑中的狗突然停下，那么它的耳朵可能还会继续向前稍微运动一点。

9. 逐帧动画和关键帧动画

逐帧动画和关键帧动画是创建动画的两种基本方法。逐帧动画是动画制作者按顺序一帧一帧地进行绘制。

关键帧动画是先绘制关键帧上的对象，再绘制关键帧之间的帧。关键帧动画有助于精确定时和事先规划整个动画。

10. 布局

布局是以容易理解的方式展示动画或对象。一般情况下，动作的表现是一次一项。如果太多的动作同时出现，观众就无法确定到底应该看什么，从而影响动画的效果。

11. 吸引力

吸引力是指观众愿意观看的东西。例如，个人魅力、独到设计、突出个性等。吸引力是通过正确地应用其他原则获得的。

12. 个性

严格来说，"个性"并不能算是动画的一条原则，实际上是正确运用前面的 11 条原则来达到动画需要达到的目标，个性将最终决定动画是否成功！

以上这些原则既适用于传统动画设计，也适用于计算机动画设计。对这些原则不能单纯记忆，动画制作者应该真正理解并在动画制作中恰当运用它们。

1.1.3 常用动画制作软件简介

1. 三维动画制作软件

目前最常见的三维动画制作软件有 3ds Max、Maya、SoftImage 和 Lightwave 等。而 3ds Max 是一款在国内外应用都非常广泛的三维设计工具，它不但用于电视及娱乐业中，在影视特效方面也有相当多的应用，如电影《古墓丽影》和《魔戒》；而在国内发展的相对比较成熟的建筑效果图和建筑动画制作中，3ds Max 占据了绝大的优势。

2. 交互式二维动画制作软件 Flash

虽然目前三维动画的发展已经达到了很高的水平，但是三维动画制作费用高、制作周期长，所以二维动画也具有很好的市场效益。

在众多的二维动画制作软件中，Flash 最为璀璨。随着 Flash 的发展，Flash 已经逐渐成为二维动画制作软件的代名词。由于采用矢量图形和流媒体技术，用 Flash 制作出来的动画文件非常小，而且能在有限带宽的条件下流畅播放，所以 Flash 动画广泛用于 Web 领域。目前 Flash 广告、Flash 网站、Flash 多媒体演示、Flash 游戏等已经成为 Web 上不可或缺的部分。

1.2 Flash CS6 动画设计简介

使用 Flash CS6 进行动画设计和制作非常简单和方便，只要参照教材，一个从未制作过动画的人，可以在几分钟之内完成一个简单的动画效果。可见 Flash 对于初级动画制作者是一个很好的工具。

1.2.1 Flash CS6 简介

在开始使用 Flash CS6 制作动画之前，首先认识一下 Flash 软件。

1. Flash 的发展

Flash 的前身叫作 FutureSplash Animator，由美国的乔纳森·盖伊在 1996 年夏季正式发行并很快获得了 Microsoft 和迪士尼两大巨头公司的青睐，分别成为其两个最大的客户。

由于 FutureSplash Animator 的巨大潜力吸引了当时实力较强的 Macromedia 的注意，于是在 1996 年 11 月，Macromedia 公司仅用 50 万美元就成功并购乔纳森·盖伊的公司并将 FutureSplash Animator 改名为 Macromedia Flash 1.0。

经过 9 年的升级换代，2005 年 Macromedia 推出 Flash 8.0 版本，同时 Flash 也发展成为全球最流行的二维动画制作软件，从此 Flash 发展到一个新的阶段。

2. Flash CS6 界面介绍

启动 Flash CS6 进入图 1-12 所示的工作界面，其中包括菜单栏、时间轴、"工具"面板、舞台、"属性"检查器（也称"属性"面板）以及浮动面板等。

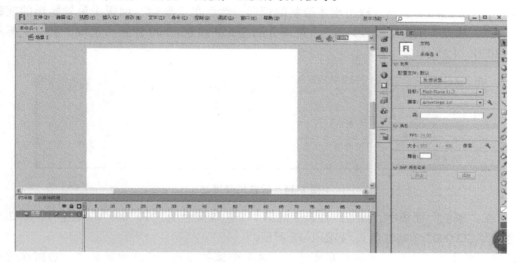

图 1-12   工作界面

3. Flash 动画制作流程

Flash 动画制作流程十分简单，分为新建 Flash 文档、编辑场景、保存影片、发布影片 4 个步骤，其中编辑场景部分是流程的关键，发布影片控制着发布影片的大小、质量和文件格式等，所以也是十分重要的。

1.2.2 初试案例——大红大吉

在本章的前面部分对动画及 Flash 动画做了简单的介绍。下面将进行一个动画实例制作，希望通过这个简单的动画案例，使读者对 Flash CS6 的基本操作有一个感性的认识。

1. 创建新文件

运行 Flash CS6 ，首先会显示一个初始用户界面，选择【新建】/【Flash 文件（ActionScript3.0）】命令，新建一个 Flash 文档。

注意： 此处选择"Flash 文件（ActioScript 3.0）"和"Flash 文件（ActioScript 2.0）"差别在于其动画文件支持的后台脚本不同。建议使用 ActioScript 3.0。ActioScript 3.0 是由 Adobe 公司研发，并与 Flash CS6 同时推出，而且其编程思想也是全部基于对象化，所以使用更加方便。

2. 制作背景

1）选择【修改】/【文档】菜单命令，打开"文档属性"对话框，然后在"高"文本框中输入"300 像素"，其他属性保持默认即可，如图 1-13 所示，单击"确定"按钮完成设置。

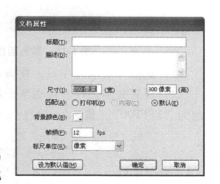

图 1-13   修改文档属性

2）在"时间轴"左侧的图层名称"图层 1"上双击鼠标左键，当图层名称变成可编辑状态时，输入"背景"，将默认的"图层1"重命名为"背景"层。选择"矩形"工具，在舞台上绘制一个矩形。

3）选择"选择"工具，双击刚才绘制的矩形，然后在"属性"面板中设置矩形的笔触颜色为"无"，填充类型为"线性渐变"，宽高分别为 550 像素、300 像素，选取 x 和 y 坐标均为"0"，如图 1-14 所示。

图 1-14　设置矩形属性

4）在"颜色"面板中，设置线性渐变的第 1 个色块颜色为"FF0000"（红色），第 2 个色块颜色为"CC0000"（暗红色），如图 1-15 所示。

注意：在设置"颜色"面板的属性时，一定要保证矩形处于被选中的状态，否则矩形的颜色将无法改变。

3．输入文字

1）单击"新建图层"按钮，新建图层并重命名为"文字"层，如图 1-16 所示。要确保"文字"层在"背景"层的上面。

图 1-15　颜色面板　　　　　　　　　　**图 1-16　新建图层**

2）选择"文字"工具。在舞台上输入"Adobe Flash CS6"文字。

3）设置文字属性。将文字全部选中，设置字体为"Zombie"，字体大小为"50"，填充颜色为"FFFF00"（黄色），选区的 x 和 y 坐标分别为"80.0""120.0"，如图 1-17 所示。

图 1-17　设置文字属性

4）至此"文字"制作成功。

4. 导入素材

1）新建图层并重命名为"特效"层，然后用鼠标单击该图层并将其拖曳到"文字"图层的下面，如图 1-18 所示。

2）选择【文件】／【导入】／【打开外部库】菜单命令，将教学资源包中的"素材＼第一章＼特效库.fla"文件打开，如图 1-19 所示。

图 1-18　新建"特效"图层　　　　　　　图 1-19　打开特效库

3）在"星星"元件上按下鼠标左键拖动鼠标，将"星星"元件拖曳到舞台中，在拖曳过程中操作界面中会自动显示"星星"元件的虚框，然后将其放置到适当位置。

5. 保存和发布影片

1）动画制作完成，按"Ctrl＋S"快捷键保存动画。

2）选择【文件】／【发布设置】菜单命令，打开图 1-20 所示的"发布设置"对话框。

注意：在"发布设置"对话框"格式"选项卡中可以设置发布影片的格式和路径，在"Flash"选项卡中可以设置发布文件的播放器版本、压缩比例、防止导入等重要属性。

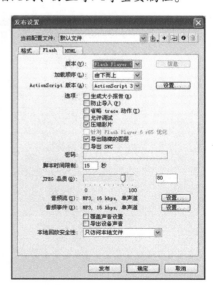

图 1-20　"发布设置"对话框

　　3）全部保持默认设置，单击"发布"按钮发布影片，然后单击"确定"按钮完成发布设置（也可以按"F12"快捷键发布影片），至此动画制作完成。

　　注意：通常在制作过程中，需要实时地测试和观看影片效果，并不需要正式发布影片，所以可用组合键"Ctrl + Enter"测试影片。

　　在本案例中，通过一个十分简单的 Flash 动画制作，为读者简述了制作 Flash 动画的流程和思路。例子虽然比较简单，却包含了制作复杂 Flash 动画的各个基本步骤。所以希望读者通过本案例的操作，对 Flash CS6 有所了解。

本章小结

　　本章主要是对动画的整体概念和发展做了较为全面的讲解，并对动画制作的原则进行了简单的介绍。从 Flash CS6 动画制作软件的发展历程到工作界面、再到制作动画流程的介绍，为读者进入 Flash 动画世界开启了一扇大门。在本章的最后安排了典型的案例，通过对该案例的学习，可以使读者对 Flash 动画的制作流程和设计思路有了简单的了解，从而为其后期学习打下坚实的基础。

思考与练习

　　1. 人类第一部动画作品的作者是谁？是在什么时候创作的？
　　2. 代表人类用动画表达事物的欲望的图画出现在什么时候？什么地点？
　　3. Flash 动画的优势是什么？
　　4. Flash 动画的制作流程是什么？
　　5. 动手制作一遍本章的案例。

第2章 素材的制作与导入

在 Flash 动画的制作中，首先要有各种类型的素材，包括文字、图像、声音和视频等，这些素材有的需要直接在 Flash 中创作，有的需要从其他文件导入。素材的制备是 Flash 动画制作过程中必不可少的一个步骤，本章将向读者介绍使用各种 Flash 工具制作素材以及导入和处理各种动画素材的方法和技巧。

学习目标

☑ 掌握绘图工具的使用方法
☑ 熟悉导入图像的方法
☑ 熟悉导入声音的方法
☑ 熟悉导入视频的方法
☑ 熟悉导入外部库的方法
☑ 掌握对导入素材的各种操作

2.1 绘制素材

利用 Flash 中的绘制工具绘制素材是 Flash 动画素材的一个主要来源。绘制的素材是矢量图，可以对其进行移动、调整大小、重定形状以及更改颜色等操作而不影响素材的品质。

2.1.1 知识准备——绘图工具的类型

Flash CS6 提供了强大的绘图工具，使用户制作动画素材更加方便和快捷，其"工具"面板如图 2-1 所示。

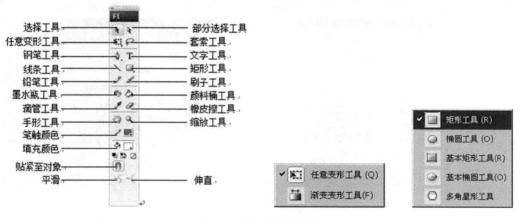

图 2-1 "工具"面板

根据工具用途的不同，工具可分为以下几类：

1）规则形状绘制工具。主要包括矩形工具、椭圆工具、基本矩形工具、基本椭圆工具和多角星形工具等。

2）不规则形状绘制工具。主要包括钢笔工具、铅笔工具、刷子工具和文字工具等。

3）形状修改工具。主要包括选择工具、部分选择工具和套索工具等。

4）颜色修改功能。主要包括墨水瓶工具、颜料桶工具、滴管工具、橡皮擦工具和填充颜色等。

5）视图修改功能。主要包括手形工具和缩放工具。

2.1.2 典型案例——浪漫人生

本例通过对一个场景的绘制来讲解 Flash CS6 中常用绘图工具的使用方法和技巧，使读者初步认识 Flash CS6 绘图功能，最终设计效果如图 2-2 所示。

图 2-2 "浪漫人生"最终设计效果

1. 绘制背景

1）新建一个 Flash 文档，设置文档尺寸为"800 像素×600 像素"，其他属性使用默认参数。

2）将默认"图层 1"重命名为"背景"层，选择"矩形"工具，然后选择【窗口】/【颜色】菜单命令（或者按"Shift + F9"组合键），打开"颜色"面板，如图 2-3 所示。

3）在"颜色"面板中设置矩形的笔触颜色为"无"，填充颜色的类型为"线性"，从左至右第 1 个色块颜色为"#0099FF"，第 2 个色块颜色为"#CCFFFF"，如图 2-4 所示。

图 2-3 "颜色"面板   **图 2-4 调整颜色后的"颜色"面板**

4）拖曳鼠标光标在舞台中绘制一个矩形，选择"矩形"工具，然后在其"属性"面板中设置矩形宽、高为"800 像素"、"600 像素"，位置坐标 x、y 均为"0"。其属性设置如图 2-5 所示，舞台效果如图 2-6 所示。

图 2-5　"属性"面板设置

5）选择"渐变变形"工具，然后单击舞台中的矩形，效果如图 2-7 所示。

6）单击"渐变变形"工具的"旋转"按钮（图 2-7 中的方形标记处），将颜色渐变顺时针旋转 90°，然后调整颜色渐变的中心（图 2-7 中的圆形标记处），最终的舞台效果如图 2-8 所示。

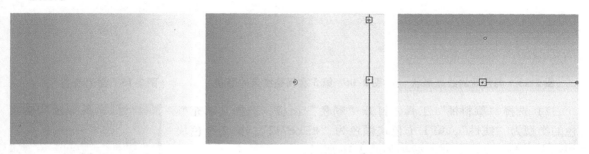

图 2-6　舞台效果　　　　**图 2-7　选择"渐变变形"工具**　　　　**图 2-8　最终舞台效果**

2. 绘制草地

1）新建图层并重命名为"草地"层，选择"线条"工具，在"属性"面板中设置笔触颜色为"黑色"，笔触高度为"1"，其属性设置如图 2-9 所示。在舞台中绘制一条斜线，效果如图 2-10 所示。

图 2-9　设置"线条"属性

2）选择"选择"工具，将鼠标放置在线条的中心位置，当鼠标呈拖动状态时，按住鼠标左键拖动鼠标，将线条调整至图 2-11 所示的效果。

3）选择"线条"工具，在舞台中绘制一条图 2-12 所示的斜线。

4）选择"选择"工具，调整其形状如图 2-13 所示。

5）用同样的方法绘制第 3 条线，3 块草地的最终效果如图 2-14 所示。

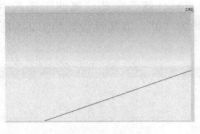
图 2-10　绘制一条斜线

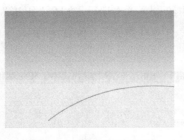
图 2-11　调整后的线条

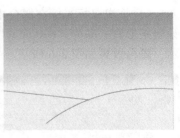
图 2-12　第 2 次绘制斜线

6）选择"线条"工具，将线条的两端连接起来，如图 2-15 所示。连接时一定要使首尾连接紧密，如果有间隙，将会导致不能填充颜色。

图 2-13　调整后的线条形状

图 2-14　第 3 次调整线条的形状

图 2-15　封闭线条

7）选择"颜料桶"工具，打开"颜色"面板，选择其填充颜色的类型为"线性"，第 1 个色块颜色为"#EEF742"，第 2 个色块颜色为"#99CC00"，填充效果如图 2-16 所示。

8）把鼠标指针移入舞台，此时的鼠标指针将变为颜料桶形状，在封闭的线条框内依次单击鼠标填充颜色，如图 2-17 所示。

9）选择"渐变变形"工具，分别调整 3 块草地的渐变颜色如图 2-18、图 2-19 和图 2-20 所示。

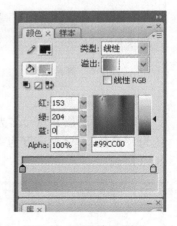
图 2-16　调整填充颜色

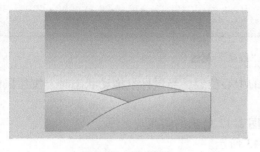
图 2-17　填充颜色

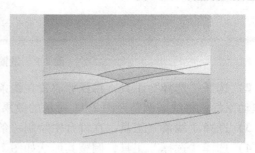
图 2-18　调整渐变颜色（1）

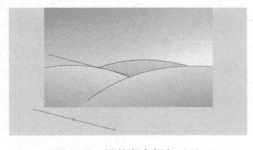
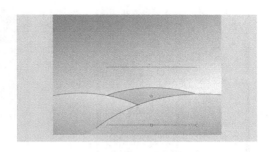

图 2-19　调整渐变颜色（2）　　　　　　图 2-20　调整渐变颜色（3）

10）选择"选择"工具，单击黑色的线条，然后按"Delete"键将线条全部删除。

3. 绘制云彩

1）新建图层并重命名为"云彩"层，选择"椭圆"工具，在"属性"面板中设置其笔触颜色为"无"，填充颜色为"白色"，在舞台中绘制一个椭圆，如图 2-21 所示。

2）在椭圆的周围绘制一些小的椭圆，使其像空中的云彩，如图 2-22 所示。

图 2-21　绘制椭圆　　　　　　　　图 2-22　绘制的云彩

3）利用同样的方法，在舞台中再绘制两朵云彩。最终的云彩效果如图 2-23 所示。

图 2-23　最终的云彩效果

4. 绘制太阳

1）新建图层并重命名为"太阳"层，选择"椭圆"工具，打开"颜色"面板，设置笔触颜色为"无"，填充颜色的类型为"放射状"，第 1 个色块为"#FF0000"，第 2 个色块颜色为"#FFCC33"，"太阳"的"颜色"面板设置如图 2-24 所示。

2）在舞台中按住"Shift"键的同时拖动鼠标光标，绘制一个尺寸为"100 像素 × 100 像素"的圆形，效果如图 2-25 所示，其属性设置如图 2-26 所示。

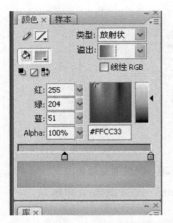

图 2-24 "太阳"的"颜色"面板设置

图 2-25 绘制的太阳

图 2-26 "太阳"的"属性"设置

5. 导入素材

1）新建图层并重命名为"植物"层，选择【文件】/【导入】/【导入到舞台】菜单命令，选中教学资源包中的"素材 \ 第二章 \ 浪漫人生 \ 植物 . png"并将图片文件导入到舞台中，其属性设置如图 2-27 所示。导入植物后舞台效果如图 2-28 所示。

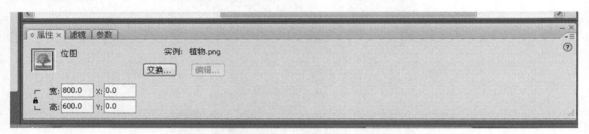

图 2-27 "植物"的"属性"设置

图 2-28 导入"植物"后的舞台效果

2）新建图层并重命名为"家"层，选择【文件】/【导入】/【导入到舞台】菜单命令，将教材资源包中的"素材 \ 第二章 \ 浪漫人生 \ 家 . png"文件导入到舞台中，其属性设置如图 2-29 所示。导入"家"后的舞台效果如图 2-30 所示。

图 2-29 "家"的"属性"设置

图 2-30 导入"家"后的舞台效果

3）新建图层并重命名为"人物"层，选择【文件】/【导入】/【导入到舞台】菜单命令，将教材资源包中的"素材 \ 第二章 \ 浪漫人生 \ 人物 . png"文件导入到舞台中，其属性设置如图 2-31 所示。导入"人物"后的舞台效果如图 2-32 所示。

图 2-31 "人物"的"属性"设置

图 2-32 导入"人物"后的舞台效果

6．制作标题

1）新建图层并重命名为"标题下"层，选择"文本"工具，打开"属性"面板，设置字体为"经典繁行书"，大小为"60"，填充颜色为"#FFFFFF"，在舞台中输入文字"浪漫人生"，其属性设置如图 2-33 所示。导入"标题下"文字后的舞台效果如图 2-34 所示。

图 2-33　"标题下"文字"属性"设置

图 2-34　导入"标题下"文字后的舞台效果

2）新建图层并重命名为"标题上"层，选择"文本"工具，设置填充颜色为"#FF6600"，输入文字"浪漫人生"，其属性设置如图 2-35 所示。导入"标题上"文字后的舞台效果如图 2-36 所示。

图 2-35　"标题上"文字"属性"设置

图 2-36　导入"标题上"文字后的舞台效果

3）此时，"时间轴"面板状态如图 2-37 所示。

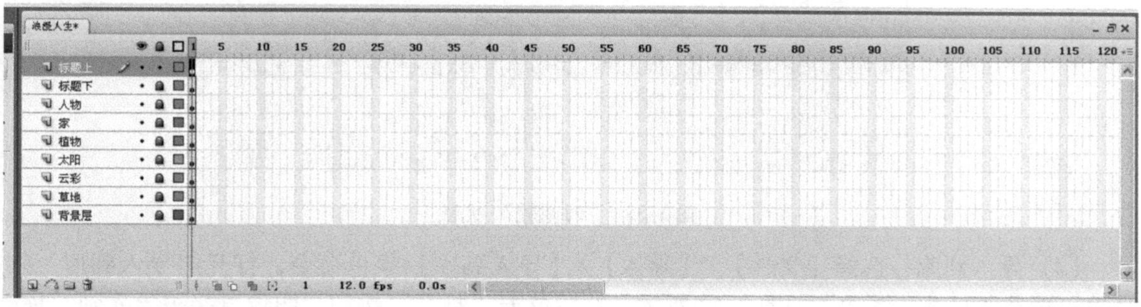

图 2-37　最终的"时间轴"面板状态

7. 保存测试影片，完成动画制作

通过本案例的学习，可使读者了解 Flash CS6 的基本绘图功能，初步掌握常用绘图工具的使用方法和技巧，同时也使读者认识到素材的制备是 Flash 动画制作的第一步。

2.2　导入和编辑图像

图像是 Flash 动画制作中最常用的元素，Flash CS6 支持导入的图像格式有 PNG、JPEG、BMP、GIF、AI 和 PSD 等，给动画素材的制备带来了很大的方便。

2.2.1　知识准备——导入图像的方法

下面将介绍 Flash CS6 导入图像的方法以及对图像的常用操作。

1. 导入图像的方法

（1）导入到舞台　选择【文件】/【导入】/【导入到舞台】菜单命令，打开"导入"对话框，选择要打开的图像，如图 2-38 所示。然后单击"打开"按钮，将图片导入到舞台上。若要对图片设置动画，需先将其转换为元件，GIF 格式的动态图片导入到舞台后，会自动分散到若干帧上。"时间轴"状态如图 2-39 所示。

图 2-38　"导入"对话框

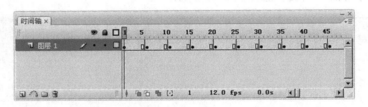

图 2-39 "时间轴"状态

（2）导入到库　选择【文件】/【导入】/【导入到库】菜单命令，打开"导入到库"对话框，选择要打开的图像，如图 2-40 所示。然后单击"打开"按钮，图像直接被导入到"库"面板中，显示为"位图"。若要对图片设置动画，需要先将其转化为元件；GIF 格式的动态图片导入到库后，会出现一个影片剪辑元件和若干位图，如图 2-41 所示。

图 2-40　"导入到库"对话框

图 2-41　导入 GIF 图片后的"库"面板

注意： 在将图像导入到舞台时，如果导入的图像文件夹中的图像是按照连续序号命名的，则 Flash CS6 会弹出对话框，询问是否需要导入序列中的所有图像。单击"是"按钮则导入所有的图像，单击"否"按钮则只导入所选图像。

2. 对图片的常用操作

（1）将图片从"库"面板添加到舞台　打开"库"面板，选择要添加到舞台上的图片，然后按住鼠标左键不放将其拖到相应的画布上。

（2）将图片转换为可编辑状态　选中舞台中的图片文件，按"Ctrl + B"组合键将其打散。

（3）剪切图片文件　若需要进行剪切，先将图片打散，然后选择"选择"工具，选取相应的部分，或者选择"橡皮擦"工具将多余部分擦除。

（4）组合图片　将多张图片按需求排列后，全部选中转换为元件即可。

（5）消除图片背景（纯色或者近似同样颜色的背景）　先将图片打散，然后选择"套索"工具，工具箱的下方会出现"魔术棒"按钮、"魔术棒设置"按钮和"多边形模式"按钮。注意"魔术棒"图标是否处在按下的状态，若"魔术棒"图标处在按下的状态，则鼠标放到位图上时，会变成魔术棒的形状。在背景处，单击鼠标左键，则会发现整个背景都被选中，按

"Delete"键将其删除。若背景颜色不是纯色，则可以通过调节"魔术棒设置"的阈值来实现，默认是 10，数值越大，选择的颜色范围就越大。

2.2.2　典型案例——飙车一族

本案例重点讲解 Flash CS6 导入图片的方法和技巧。在动画的演示过程中，一辆越野车将从舞台飞驰而过。设计思路可以包括导入背景图片、导入汽车图片、制作动画。设计效果如图2-42所示。

图 2-42　飙车一族设计效果图

具体制作过程如下。

1．导入背景图片

1）新建一个 Flash 文档，设置文档尺寸为"500 像素×325 像素"，其他属性使用默认参数。

2）将默认的"图层 1"重命名为"背景"层，选择"背景"层的第 1 帧，然后选择【文件】/【导入】/【导入到舞台】菜单命令，打开"导入"对话框，如图2-43 所示。

3）在"查找范围"下拉列表框中选择图像的路径并选择需要导入的图像。本例中打开教学资源包中的"素材\第二章\飙车一族\飙车背景.bmp"文件，如图2-44 所示。

图 2-43　"导入"对话框

图 2-44　定位图片的位置

4）单击"打开"按钮，将图片导入到舞台并居中，场景效果如图2-45 所示。

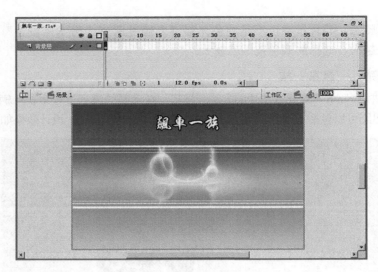

图 2-45　图片导入场景效果

2. 导入汽车图片

新建图层并重命名为"汽车"，选中"汽车"层的第 1 帧，用与 1 相同的方法，将教学资源包中的"素材 \ 第二章 \ 飙车一族 \ 越野车.png"文件导入到舞台中，场景效果如图 2-46 所示。

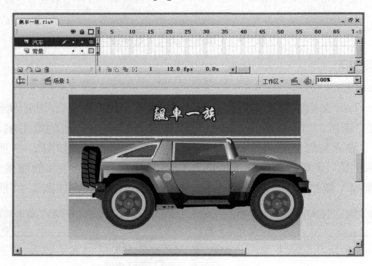

图 2-46　越野车导入场景效果

3. 制作动画

1) 选择舞台中的越野车图片，在"属性"面板中设置其属性如图 2-47 所示。

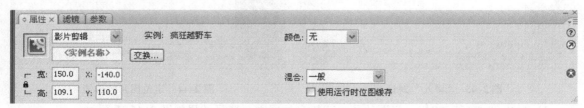

图 2-47　在"属性"面板设置越野车图片属性

2）用鼠标右键单击越野车图片，在弹出的快捷菜单中选择【转换为元件】命令，打开"转换为元件"对话框，在"名称"文本框中输入"疯狂越野车"，在"类型"中点选"影片剪辑"单选按钮，如图 2-48 所示。

图 2-48　"转换为元件"对话框

3）单击"确定"按钮，即可将图片转换为影片剪辑元件，在"库"面板中会出现一个名为"疯狂越野车"的影片剪辑元件。

4）选中"背景"层的第 20 帧，按"F5"快捷键插入一个普通帧。选中"汽车"层的第 20 帧，按"F6"快捷键插入一个关键帧，此时的"时间轴"状态如图 2-49 所示。

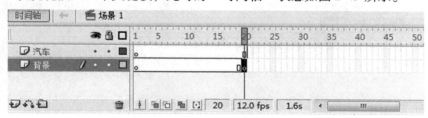

图 2-49　越野车"时间轴"状态

5）选择"汽车"层第 1 帧的"疯狂越野车"元件，在"属性"面板中设置其 x、y 坐标如图 2-50 所示（方形标记），此时，越野车舞台效果如图 2-50 所示。

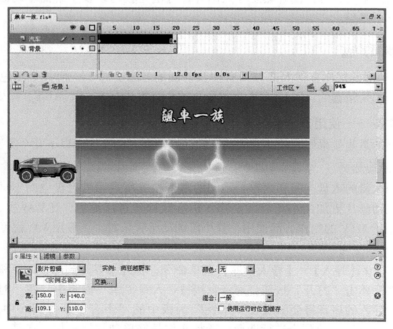

图 2-50　越野车舞台效果

6）选中"汽车"层第 20 帧的"疯狂越野车"元件，在"属性"面板中调整其 x、y 坐标，如图 2-51 所示。

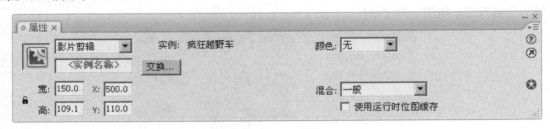

图 2-51　"属性"面板

7）用鼠标右键单击"汽车"层上第 1 帧至第 20 帧之间的任意一帧，在弹出的快捷菜单中选取"创建补间动画"选项，为"汽车"层创建补间动画，如图 2-52 所示。

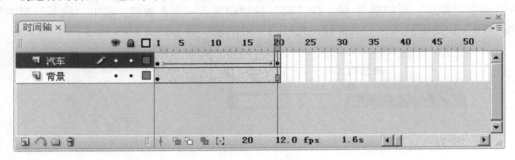

图 2-52　补间动画

4. 保存测试影片，完成动画制作

通过本案例的学习，可使读者熟悉导入图片的方法与技巧以及了解简单动画的制作，为以后的动画制作打下基础。

2.3　导入和编辑声音

一个 Flash 动画的好坏有一大部分因素涉及动画的音乐。对于任何一个出色的 Flash 动画，其所挑选的音乐都是精选的。Flash CS6 支持导入的声音格式有 WAV、AIFF、MP3 等。

2.3.1　知识准备——使用声音的注意事项

声音对动画的最终效果影响是非常大的，在使用声音时应该注意以下几个方面。

1. 声音格式的选择

声音要占用大量的磁盘空间和内存，不同的声音格式所占用的磁盘空间不同，选择合理的声音格式可以使动画片更加的小巧灵活。MP3 声音数据经过压缩后，比 WAV 或 AIFF 声音数据小。MP3 一般用于 MTV 的制作，而使用一些小段的动感音乐时，一般用 WAV 就可以。

2. 导入声音的方法

选择【文件】/【导入】/【导入到库】菜单命令，打开"导入到库"对话框，选择要打开的声音文件，然后单击"打开"按钮，声音直接被导入到"库"面板中。在"时间轴"上选中声音开始的帧，导入的声音将会出现在"属性"面板中的"声音"下拉列表中，如图 2-53 所示，然后通过"声音"下拉列表进行选择，音频文件最好单独放置一层。在某一层上插入音频文件后，对应"时间轴"上会显示出如图 2-54 所示的声音波形图。到波形图结束时，即表明声音结束，若要继续播放，可以在此处再添加一个声音文件。

图 2-53　选择"声音"下拉列表中的声音

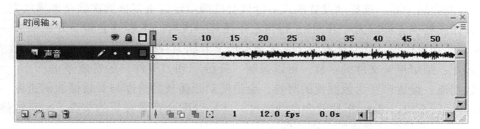

图 2-54　声音波形图

3. 声音属性的设置

读者可以使声音独立于时间轴连续播放，也可以令动画和音轨同步，或将声音附在按钮上令按钮更富于回应性，使声音淡入淡出，听起来更加优美。选中声音文件所在的层后，打开"属性"面板，可以对声音"效果"和"同步"进行设置。

（1）声音效果设置　如图 2-55 所示。

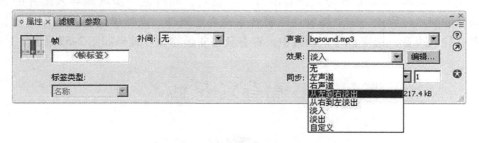

图 2-55　声音"效果"设置下拉列表

1）左声道、右声道：系统播放歌曲时，默认是左声道播放伴音，右声道播放歌词。所以，若插入一首 MP3 的歌曲，如果想仅播放伴音的话，就选择左声道；想保留清唱的话，就选择右声道。

2）从左到右淡出、从右到左淡出：可将声音从一个声道切换到另一个声道。

3）淡入、淡出：淡入就是声音由低开始，逐渐变高。淡出就是声音由高开始，逐渐变低。

4）自定义：打开"编辑封套"对话框，可以通过拖动滑块来调节声音的高低。最多可以添加 5 个滑块。窗口中显示的上下两个分区分别是左声道和右声道，波形远离中间位置时，表明声音高，靠近中间位置时，表明声音低。

注意：常用的是淡入淡出效果，设置 4 个滑块，开始在最低点，逐渐升高，平稳运行一段后，结尾处再设到最低即可。

（2）声音同步设置　如图 2-56 所示。

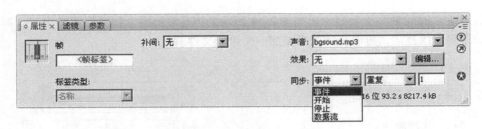

图 2-56　声音"同步"设置下拉列表

1）事件：将声音设置为"事件"，可以确保音效有效地播放完毕，不会因为帧已经播放完而引起音效的突然中断。选择该设置模式后音效会按照指定的重复播放次数全部播放完。

2）开始：将声音设定为"开始"，每当影片循环一次时，声音就会重新开始播放一次，如果影片很短而音效很长，就会造成一个音效未完而又开始另一个音效，这样就造成音效的混杂。

3）停止：结束声音文件的播放，可以强制"开始"和"事件"的音效停止。

4）数据流：设置声音为数据流的时候，会迫使动画播放的进度与音效播放的进度一致，如果遇到机器运行不快，Flash 影片就会自动略过一些帧以配合背景音乐的节奏。一旦帧停止，声音也就会停止，即使没有播放完，也会停止。

注意：同步设置中应用最多的是"事件"选项，它表示声音由加载的关键帧处开始播放，直到声音播放完或者被脚本命令中断。而数据流选项表示声音播放和动画同步，也就是如果动画在某个关键帧被停止播放，声音也随之停止。直到动画继续播放的时候声音才开始从停止处继续播放，一般用来制作 MTV。

2.3.2　典型案例——青春狂想曲

本案例重点讲解 Flash CS6 导入声音的方法和技巧，同时进一步巩固导入图片的方法和技巧。在动画的演示过程中，一个舞者伴随着音乐高兴地舞动。设计思路包括制作背景、制作跳动的舞者、导入声音、把声音导入动画中。青春狂想曲最终设计效果如图 2-57 所示。

图 2-57　青春狂想曲最终设计效果

具体制作过程如下。

1. 制作背景

1）新建一个 Flash 文档，设置文档尺寸为"500 像素×375 像素"，其他属性使用默认参数。

2）将默认的"图层 1"重命名为"背景"层并选择"背景"层的第 1 帧。选择【文件】/【导入】/【导入到舞台】菜单命令，将教学资源包中的"素材\第二章\青春狂想曲\背景图片.jpg"文件导入到舞台中。青春狂想曲舞台效果如图 2-58 所示。

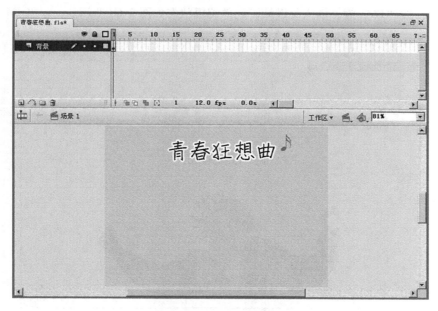

图 2-58 青春狂想曲舞台效果

2. 制作跳动的舞者

1）新建图层并重命名为"舞者"层，选中"舞者"层的第 1 帧，选择【文件】/【导入】/【导入到舞台】菜单命令，将教学资源包中的"素材\第二章\青春狂想曲\舞者.png"文件导入到舞台中。舞者的舞台效果如图 2-59 所示。

图 2-59 舞者的舞台效果

　　2）用鼠标右键单击舞台中的舞者图片，在弹出的快捷菜单中选择【转换为元件】命令，将舞者图片转换为名为"跳动的舞者"的影片剪辑元件。

　　3）双击舞台中的"跳动的舞者"元件，进入该元件的编辑状态，分别选中"图层 1"的第 2 帧和第 3 帧，按"F6"键，插入关键帧，元件编辑状态如图 2-60 所示。

图 2-60　元件编辑状态

　　4）选择第 2 帧舞台中的舞者，将其向下移动 5 个像素，而第 1 帧和第 3 帧的舞者不动。

　　5）单击"场景 1"按钮，退出元件编辑，返回主场景。

　　3. 导入声音

　　1）在"舞者"图层上面新建图层并重命名为"music"层。

　　2）选择【文件】/【导入】/【导入到库】菜单命令，打开"导入到库"对话框，如图 2-61 所示。

　　3）在"查找范围"下拉列表中选择声音路径并选择需要导入的声音。本案例将打开教学资源包中的"素材 \ 第二章 \ 青春狂想曲 \ bgsound. mp3"文件导入"库"面板。选定要导入的声音如图 2-62 所示。

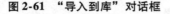

图 2-61　"导入到库"对话框　　　　　　　图 2-62　选定要导入的声音

图 2-63　把选择的声音导入到"库"面板

4）单击"打开"按钮，将选择的声音导入到"库"面板，如图 2-63 所示。

4. 把声音导入动画中

选择"music"层的第 1 帧，在"属性"面板的"声音"下拉列表中选择刚导入的声音，在"效果"下拉列表中选择"淡入"选项，在"同步"下拉列表中选择"事件"选项。把声音导入动画时"属性"面板中各选项的设置如图 2-64 所示。

图 2-64　把声音导入动画时"属性"面板的设置

5. 保存测试影片，完成动画的制作

通过本案例的学习，可使读者熟悉导入图片的方法和技巧，以及了解简单的制作，为以后的动画制作打下基础。

2.4　导入和编辑视频

Flash CS6 支持导入的视频格式包括 MPEG（动态图像专家组）、DV（数字视频）、MOV（QuickTime 电影）和 AVI 等。如果用户的系统安装了 QuickTime 4（或更高版本），在 Windows 和 Macintosh 平台就可以导入这些格式的视频。如果用户的 Windows 系统只安装了 DirectX 7（或更高版本），没有安装 QuickTime，则只能导入 MPEG、AVI 和 Windows 媒体文件（. wmv 和 . asf）。

2.4.1　知识准备——导入视频的方法

选择【文件】/【导入】/【导入视频】菜单命令，打开"导入视频"对话框，通过此向导，可以选择将视频文件剪辑导入为流式文件、渐进式下载文件、嵌入文件或链接文件，一般多使用嵌入视频文件的方式导入视频剪辑。嵌入视频剪辑将成为动画的一部分，就像导入的位图或矢量图一样，最后发布为 Flash 动画形式（. swf）或者 QuickTime（. mov）电影。如果要导入的视频剪辑位于本地计算机上，则可以直接选择该视频剪辑，然后导入视频；也可以导入存储在远程 Web 服务器或 Flash Communication Server 上的视频，方法是提供该文件的网络地址。

2.4.2　典型案例——金色童年

本案例重点讲解 Flash CS6 导入视频的方法和技巧。在动画的演示过程中，将展示一个孩子的写真视频。设计思路包括导入外框、导入视频、编辑视频等。"金色童年"设计效果如图 2-65 所示。

具体的制作过程如下。

1. 导入外框

1）新建一个 Flash 文档，设置文档尺寸为"350 像素 ×285 像素"，其他属性使用默认参数。

2）将默认的"图层 1"重命名为"视频"层，然后新建图层并重命名为"外框"层。

3）选择"外框"层的第一帧，选择【文件】/【导入】/【导入到舞台】菜单命令。

图 2-65　"金色童年"设计效果

将教学资源包中的"素材/第二章/金色童年/外框.png"文件导入到舞台中并与舞台居中对齐，效果如图 2-66 所示。

2. 导入视频

1）选择"视频"层的第 1 帧，选择【文件】/【导入】/【导入到舞台】菜单命令，打开"导入视频"对话框，如图 2-67 所示。

2）单击"导入视频"对话框中"浏览"按钮，打开"打开"对话框，在"查找范围"下拉列表中选择视频的路径并选择需要导入的视频。本例将打开教学资源包中的"素材/第二章/金色童年/金色童年.wmv"文件，如图 2-68 所示。

图 2-66　导入外框效果

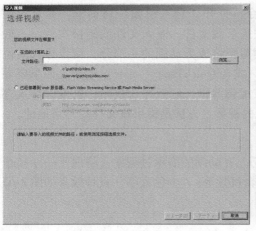 

图 2-67　"导入视频"对话框　　　　**图 2-68　"打开"对话框**

3）单击"打开"按钮，返回"导入视频"对话框，如图 2-69 所示。

4）单击"下一个"按钮，打开"部署"面板，点选"在 SWF 中嵌入视频并在时间轴上播放"单选按钮,"部署"面板中各选项设置如图 2-70 所示。

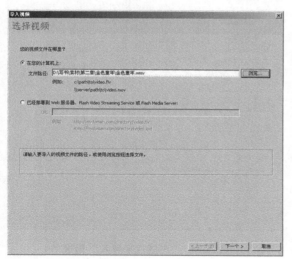

图 2-69　返回"导入视频"对话框

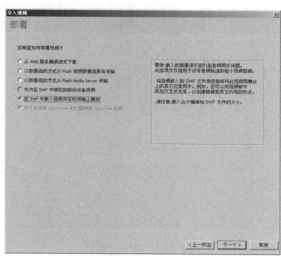

图 2-70　设置"部署"面板

5)单击"下一个"按钮,打开"嵌入"面板,在"符号类型"下拉列表中选择"影片剪辑"选项,在"音频轨道"下拉列表中选择"集成"选项并点选"先编辑视频"单选按钮,如图 2-71 所示。

6)单击"下一个"按钮,打开"拆分视频"面板。浏览窗口下方的倒三角形滑块为时间控制按钮,下方的左右控制按钮（⇨⇦）是导入起始点和终点控制按钮,可实现视频的简单剪辑,本例不进行任何操作,如图 2-72 所示。

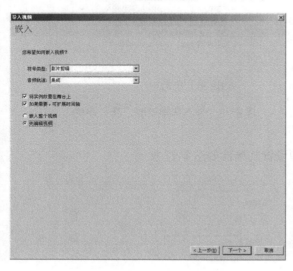

图 2-71　设置"嵌入"面板

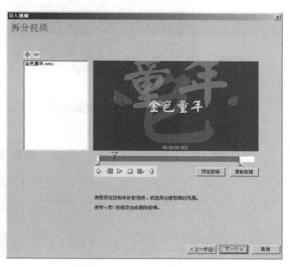

图 2-72　"拆分视频"面板

7)单击"下一个"按钮,打开"编码"面板,可调整视频和音频的编码器以及裁切与调整视频的大小,如图 2-73 所示,从而使导入的视频更加符合动画需求。

8)单击"下一个"按钮,打开"完成视频导入"面板,如图 2-74 所示。

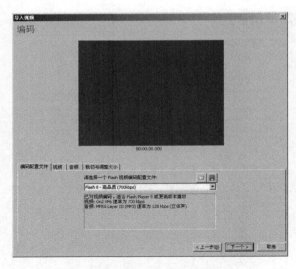

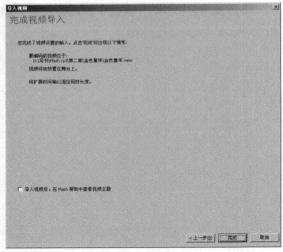

图 2-73　"编码"面板　　　　　　　　　图 2-74　"完成视频导入"面板

9）单击"完成"按钮，系统按照先前的配置导入视频。完成视频导入到舞台的操作，效果如图 2-75 所示。"库"面板中将显示导入的视频并包含视频的影片剪辑元件，如图 2-76 所示。

图 2-75　导入的视频效果　　　　　　　图 2-76　导入视频后的"库"面板

3. 编辑视频

选择舞台中的视频图像，在"属性"面板中设置其属性如图 2-77 所示。

图 2-77　在"属性"面板中设置"视频"属性

4. 保存测试影片，完成动画的制作

通过本案例的学习，可使读者熟悉导入视频的方法与技巧。

2.5 导入外部库文件

　　导入外部库文件就是在当前 Flash 文档中打开另外一个文档的"库",然后将里面的资源导入到当前文档进行再一次的使用,从而可以实现 Flash 动画素材的重复使用,为 Flash 动画的制作提供方便。除此之外还可使用复制和粘贴资源或者拖放资源来实现元件在两个文档之间的转换。

2.5.1 知识准备——导入外部库的方法

　　选择【文件】/【导入】/【打开外部库】菜单命令,定位到要打开的"库"面板所在的 Flash 文件,如图 2-78 所示,然后单击"打开"按钮,所选文件的"库"面板在当前文档中打开并在"库"面板顶部显示文件名,如图 2-79 所示。若要在当前文档中使用所选文件的"库"中的项目,请将这些项目拖到当前文档"库"面板或舞台上。

图 2-78　定位"外部库文件"

图 2-79　外部库

2.5.2 典型案例——展开的幸福

　　本案例重点讲解 Flash CS6 导入外部库文件的方法和技巧,在本例中将外部库中已经制作完成的遮罩效果导入到新的 Flash 文件中。在动画的演示过程中,将逐渐出现一张漂亮的图片。设计思路包括导入背景图片、导入外部库、选择元件、制作遮罩效果等。"展开的幸福"设计效果如图 2-80 所示。

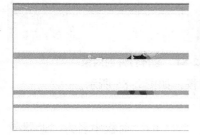  

图 2-80　"展开的幸福"设计效果

具体制作过程如下。

1. 导入背景图片

1）新建一个 Flash 文档，设置文档尺寸为"400 像素×300 像素"，其他属性使用默认参数。

2）将默认的"图层 1"重命名为"背景"层，选择【文件】/【导入】/【导入到舞台】菜单命令，将教学资源包中"素材\第二章\展开的幸福\背景图片 .jpg"文件导入到舞台中，其"属性"设置如图 2-81 所示，舞台效果如图 2-82 所示。

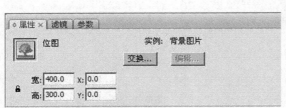

图 2-81　图片的"属性"设置　　　　　　　　　图 2-82　导入图片后的舞台

2. 导入外部库

1）新建图层并重命名为"遮罩效果"层，选择【文件】/【导入】/【打开外部库】菜单命令，打开"作为库打开"对话框，如图 2-83 所示。

2）在"查找范围"下拉列表中选择外部库的路径，本例将打开教学资源包中的"素材/第二章/展开的幸福/外部库文件 .fla"文件，如图 2-84 所示。

图 2-83　"作为库打开"对话框　　　　　　　　图 2-84　选择打开的对象

3）单击"打开"按钮，将打开"库－外部库文件 .fla"面板，如图 2-85 所示。

3. 选择元件

1）选中"遮罩效果"层的第 1 帧，然后选择"库－外部库文件 .fla"面板中名为"遮罩效果"的影片剪辑元件，按住鼠标左键将该元件拖到舞台中。

注意: 当把外部库中的元件拖入舞台后，元件以及与元件相关联的素材也随即进入当前文档的"库"面板中，如图 2-86 所示。

图 2-85 "库-外部库文件.fla"面板   图 2-86 "库"面板中的对象

2) 选择舞台上的元件，其属性设置如图 2-87 所示，调整"展开的幸福"位置后的舞台效果如图 2-88 所示。

图 2-87 元件的"属性"面板设置

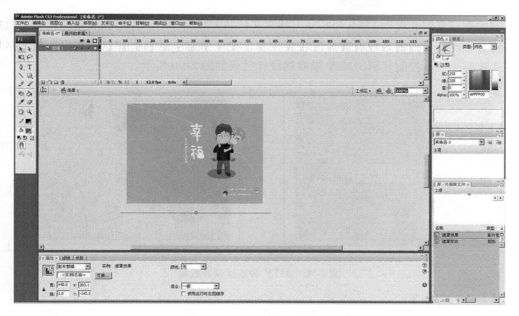

图 2-88 调整"展开的幸福"位置后的舞台效果

4. 制作遮罩效果

用鼠标右键单击"遮罩效果"层，在弹出的快捷菜单中选择【遮罩层】命令，此时的舞台效果如图 2-89 所示。

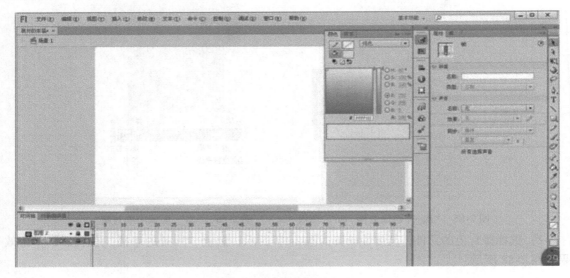

图 2-89　完成遮罩层后的效果

5. 保存测试影片，完成动画制作

通过本案例的学习，读者可以熟悉导入外部库的方法和技巧。使用此方法可以在两个 Flash 源文件之间共享一些动画素材。

2.6　综合实例——MTV 播放器

本案例重点复习和巩固 Flash CS6 导入外部素材的方法与技巧。在动画演示过程中可以用鼠标单击舞台中的三个按钮来控制播放的视频内容。设计思路包括制作背景、制作按钮、制作标题、导入视频、输入控制代码。MTV 播放器设计效果如图 2-90 所示。

图 2-90　MTV 播放器设计效果

具体制作过程如下。

1．制作背景

1）新建一个 Flash 文档，设置文档尺寸为"500 像素 × 350 像素"，其他属性使用默认参数。

2）将默认的"图层 1"重命名为"皮肤"层并选择"皮肤"层的第一帧，选择【文件】／【导入】／【导入到舞台】菜单命令，将教学资源包中"素材＼第二章＼MTV 播放器＼播放器皮肤．png"文件导入到舞台中，如图 2-91 所示。

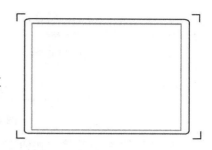

图 2-91　导入"皮肤"的舞台效果

2．制作按钮

1）新建两个图层，依次命名为"按钮背景"层和"按钮"层并把"皮肤"层拖动到"按钮"层的上面。此时的"时间轴"状态如图 2-92 所示。

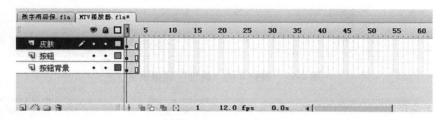

图 2-92　制作按钮时的"时间轴"状态

注意：拖动图层位置的方法，只需要在要拖动的图层上，按住鼠标左键不放，上下移动鼠标即可拖动选中的图层。

2）选中"按钮背景"层。选择"矩形"工具，设置笔触颜色为"#999999"，填充颜色为"#CC9900"并且 Alpha 值为"50%"，在颜色面板中各参数设置如图 2-93 所示。

3）在舞台中绘制一个长方形，其属性设置如图 2-94 所示，舞台效果如图 2-95 所示。

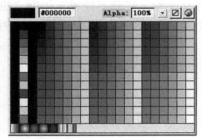

图 2-93　在"颜色"面板设置按钮背景

图 2-94　"长方形"属性面板设置

4）选择"按钮"层，选择【文件】／【导入】／【打开外部库】菜单命令，将教学资源包中的"素材＼第二章＼MTV 播放器＼ MTV 播放器．fla"文件打开，将"库 – MTV 播放器．fla"面板中名为"按钮 1"的按钮元件拖到舞台上，设置其"实例名称"为"anniul"，其属性设置如图 2- 96 所示。

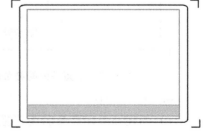

图 2-95　长方形设置的舞台效果

图 2-96　按钮 1 的"属性"面板设置

5）用同样的方法将"按钮 2"和"按钮 3"拖动到舞台中，其属性设置分别如图 2-97 和图 2-98 所示，舞台效果如图 2-99 所示。

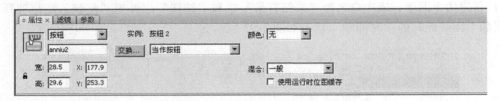

图 2-97　按钮 2 的"属性"面板设置

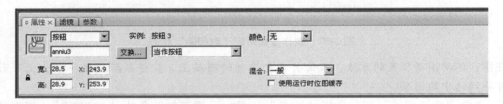

图 2-98　按钮 3 的"属性"面板设置

3．制作标题

在"皮肤"层上面新建图层并重命名为"标题"层。选择"文本"工具，设置字体为"隶书"，字体大小为"20"，填充颜色为"黑色"，在按钮的右边输入"MTV 播放器"，效果如图 2-100 所示。

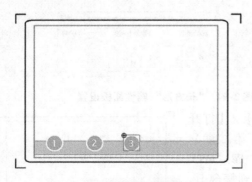

图 2-99　设置按钮的舞台效果

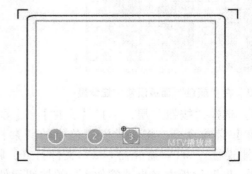

图 2-100　输入"MTV 播放器"的舞台效果

4．导入视频

1）新建图层并重命名为"播放的视频"，将其拖到最底层并分别在第 2 帧和第 3 帧处按"F7"键插入一个空白关键帧。同时，分别在其他图层的第 3 帧处按"F5"快捷键插入一个普通帧。此时的"时间轴"状态如图 2-101 所示。

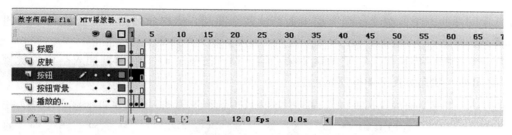

图 2-101 插入帧后的"时间轴"状态

2）选择"播放的视频"层的第 1 帧，选择【文件】/【导入】/【导入视频】菜单命令，打开"导入视频"向导，将教学资源包中的"素材\第二章\ MTV 播放器\自然之美.wmv"文件以影片剪辑元件的形式导入到舞台中并设置其宽、高分别为 326.6 像素、245.0 像素，其坐标 x、y 分别为 84.0 和 51.4，其属性设置如图 2-102 所示，舞台效果如图 2-103 所示。

图 2-102 "自然之美.wmv"的"属性"面板设置   **图 2-103 "自然之美.wmv"舞台效果**

3）选择"播放的视频"层的第 2 帧，将教学资源包中的"素材\第二章\ MTV 播放器\感受自然.wmv"文件导入到舞台中，其属性设置如图 2-104 所示。

图 2-104 "感受自然.wmv"的"属性"面板设置

4）选择"播放的视频"层的第 3 帧，将教学资源包中的"素材\第二章\ MTV 播放器\聆听自然.wmv"文件导入到舞台中，其属性设置如图 2-105 所示。

图 2-105 "聆听自然.wmv"的"属性"面板设置

5. 输入控制代码

1）用同样的方法，在"标题"层上面新建两个图层，依次命名为"停止代码"层和"按钮代码"层。

2）分别选择"停止代码"层的第 2 帧和第 3 帧，按下"F7"快捷键插入空白关键帧，此时的"时间轴"状态如图 2-106 所示。

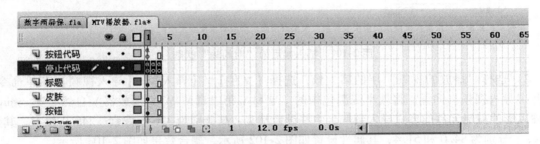

图 2-106 "停止代码"层的"时间轴"状态

3）选中"停止代码"层的第 1 帧，按"F9"快捷键打开"动作 – 帧"面板，输入代码"stop( );"如图 2-107 所示。在第 2 帧和第 3 帧输入代码"stop( );"。

4）选中"按钮代码"层的第 1 帧，单击"F9"快捷键打开"动作 – 帧"面板，输入如下代码，如图 2-108 所示。

```
anniu1.addEventListener(MouseEvent.CLICK,goTo1);
function  goTo1 (event:MouseEvent):void{
this.gotoAndStop(1);
}
anniu2.addEventListener(MouseEvent.CLICK,goTo2);
function  goTo2 (event:MouseEvent):void{
this.gotoAndStop(2);
}
anniu3.addEventListener(MouseEvent.CLICK,goTo3);
function  goTo3 (event:MouseEvent):void{
this.gotoAndStop(3);
}
```

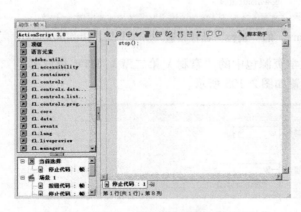
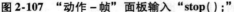

图 2-107 "动作 – 帧"面板输入"stop( );"　　　　　图 2-108 "动作 – 帧"面板输入代码

6. 保存测试影片，完成动画制作

通过本案例的学习，让读者更加熟悉 Flash CS6 导入外部素材的方法，初步认识使用简单的代码来控制动画的方法与技巧。

━━━ 本章小结 ━━━

在本章中通过对实例的剖析让读者对 Flash 基本工具以及各种导入功能有一个全面的了解和把握。每一个 Flash 动画作品都要通过这些方法来获得素材，要做出精美的 Flash 动画作品，必须学会这些设计工具的使用方法。

━━━ 思考与练习 ━━━

1. Flash 动画素材的制备主要有那些手段？
2. Flash CS6 的工具可分哪几类？
3. Flash CS6 导入的声音格式主要有哪些？
4. 绘制图 2-109 所示的太阳。

图 2-109　太阳设计效果

5. 使用导入声音功能，制作图 2-110 所示的动态按钮。当鼠标滑过按钮时会听到一个声音，鼠标单击按钮后会听到另一个声音。

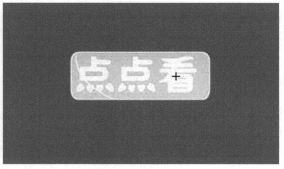

图 2-110　设计动态按钮的效果

6. 使用导入视频功能，制作如图 2-111 所示的动画效果。

图 2-111　动画效果

第 3 章　元件和库

在 Flash 作品中，经常会看到 Flash 源文件的库中有各种类型的元件，而"库"和"元件"是 Flash 中重要的组成部分。下面将介绍元件和库的相关知识，帮助读者建立起元件和库的概念并能掌握元件的创建和使用方法。

学习目标

☑　了解元件和库的概念

☑　了解公用库的概念

☑　灵活掌握元件和库的使用

3.1　使用元件和素材库

本节主要介绍元件和库的概念，并通过实例来展示其使用方法。

3.1.1　知识准备——认识元件和库

在制作动画之前，首先来了解一下元件和库的基本知识。

1. 元件和库的概念

元件是 Flash 动画中的重要元素，是指创建一次即可多次重复使用的图形、按钮或影片剪辑。元件是以实例的形式来体现的，库则是容纳和管理元件的工具。形象地说，元件是动画的"演员"，而实例是"演员"在舞台上的"角色"，库是容纳"演员"的"房子"。如图 3-1 所示，舞台上的"樱桃""盘子"和"树叶"等都是元件，都存在于库中，如图 3-2 所示。

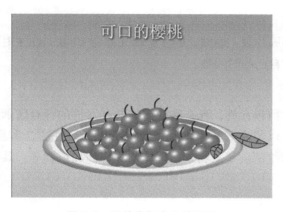

图 3-1　元件在舞台上的显示

图 3-2　元件和库

元件只需创建一次，就可以在当前文档或其他文档中重复使用，并且使用的元件都会自动成为当前文档库中的一部分。每个元件都有自己的时间轴、关键帧和图层。"库"面板如图 3-3 所示，图3-4所示为元件的时间轴。

2. 使用元件的优点

使用元件可以简化动画的编辑过程。在动画编辑过程中，把要多次使用的元素做成元件，如果修改该元件，那么应用于动画中的所有该元件实例也将自动改变，而不必逐一修改，大大节省了制作时间，图 3-1 中所示的"樱桃"，如果想改变"樱桃"的形状，如果没有元件，修改起来就太费劲了。

重复的信息只被保存一次，而其他引用就只保存引用指针，因此使用元件可以大大减小动画的文件存储空间。

元件下载到浏览器端只需要一次，因此可以加快电影的播放速度。

图 3-3　"库"面板

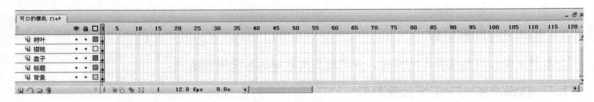

图 3-4　元件的时间轴

3. 元件的类型

元件的类型有 3 种，即图形元件、按钮元件和影片剪辑元件。

图形元件可以用于静态图像，并可以用于创建与主时间轴同步的可重复使用的动画片段。图形元件与主时间轴同步运行，也就是说，图形元件的时间轴与主时间轴重叠。例如，如果图形元件包含 10 帧，那么要在主时间轴中完整播放该元件的实例，主时间轴中需要至少包含 10 帧。另外，在图形元件的动画序列中不能使用交互式对象和声音，即使使用了也没有作用。

按钮元件可以创建相应的鼠标弹起、指针经过、按下和点击的交互式按钮。

影片剪辑元件创建可以重复使用动画片段。例如，影片剪辑元件有 10 帧，在主时间轴中只需要 1 帧即可，因为影片剪辑将播放它自己的时间轴。

3.1.2　典型案例 1——可口的樱桃

本案例主要用到了图形元件和影片剪辑元件，现在来学习这两种元件的特点区别和使用技巧，建议读者亲自绘制案例中的图形，以便练习 Flash CS6 中绘图工具的使用方法和设计思路，包括背景制作、标题制作、樱桃图形的绘制、布置场景、诗的制作、添加声音等。具体的设计效果如图 3-5 和图 3-6 所示。

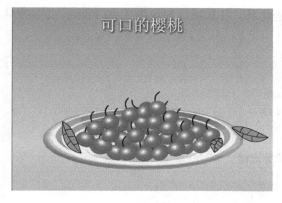

图 3-5　效果图 1　　　　　　　　　　图 3-6　效果图 2

具体的制作过程如下。

1. 背景制作

1）新建一个 Flash 文档，文档属性使用默认参数。

2）将默认"图层 1"重命名为"背景"层，在舞台上绘制图 3-7 所示的矩形，填充颜色的类型为"线性"，颜色设置如图 3-8 所示，其中设置第 1 个色块为"#33CC00"，第 2 个色块颜色为白色，第 3 个色块颜色为"#94E31C"。然后利用填充渐变工具调节渐变颜色。

图 3-7　背景的效果　　　　　　　　　　图 3-8　背景颜色的设置

2. 标题制作

1）在"背景"图层上面创建图层并重命名为"标题"层，在舞台上输入文字"可口的樱桃"，设置字体为"汉仪咪咪体简"（读者也可以设置一种自己喜欢的字体），设置字体颜色为"白色"，字体大小为"35"，其属性设置如图 3-9 所示。

图 3-9　设置标题的字体

2）打开"滤镜"面板，为标题文字添加投影效果，各选项设置如图 3-10 所示，文字效果如图 3-11 所示。

图 3-10　设置滤镜

图 3-11　标题的文字效果

3. 樱桃图形的绘制

1）选择【插入】/【新建元件】菜单命令，新建一个图形元件并命名为"整体"，单击"确定"按钮，进入元件的内部进行编辑。

2）在编辑区域中，将默认的"图层 1"重命名为"树枝"层，在舞台上使用"线条"工具绘制图 3-12 所示的树枝图形，其中线条的笔触高度为"3"，颜色为"#660000"。然后选择绘制完成的"树枝"，按"F8"快捷键将其转化为图形元件并重命名为"树枝"。

3）在"树枝"图层上面新建图层并重命名为"樱桃"层，然后使用"椭圆"工具绘制图 3-13 所示的樱桃图形。在"颜色"面板中设置笔触颜色为"无"，填充颜色为"放射状"，然后调节颜色，设置 3 个色块，从左至右 3 个色块颜色分别为"#FFFFFF""#FF6600""#FF0000"。同样，将其转化为图形元件并命名为"樱桃"。

4）选择【插入】/【新建元件】菜单命令，新建一个图形元件并命名为"树叶"，单击"确定"按钮，进入元件的内部进行编辑。

5）在舞台上使用"线条"工具绘制图 3-14 所示的树叶图形并设置其笔触高度为"1"，笔触颜色为"#000000"，填充颜色为"#33CC66"。

图 3-12　绘制树枝　　　　**图 3-13　绘制樱桃**　　　　**图 3-14　绘制树叶**

6）选择【文件】/【导入】/【打开外部库】菜单命令，打开教学资源包中的"素材\第三章\可口的樱桃.fla"文件，将"库–可口的樱桃.fla"面板中名为"盘子"的图形元件复制到当前"库"中。双击"库"面板中的"盘子"元件，进入"盘子"元件的内部，其形态如图 3-15 所示。这时，"库"面板状态如图 3-16 所示。

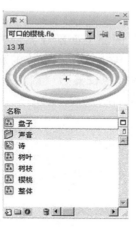

图 3-15　盘子　　　　　　　　　　　　　图 3-16　"库"面板状态

4. 布置场景

1）返回主场景中，在"标题"层上面新建图层并重命名为"盘子"层，将"库"面板中名为"盘子"的图形元件拖曳到舞台中并设置它的大小和位置，如图 3-17 和图 3-18 所示，舞台效果如图 3-19 所示。

图 3-17　设置盘子的大小　　　　　　　　　图 3-18　设置盘子的位置

2）在"盘子"层上面新建图层并重命名为"樱桃"，将"库"面板中名为"整体"的图形元件拖到舞台中，利用复制和旋转等方法在舞台中放置多颗"樱桃"，舞台效果如图 3-20 所示。

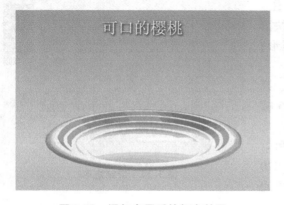

图 3-19　添加盘子后的舞台效果　　　　　　图 3-20　添加樱桃后的舞台效果

3）在"樱桃"图层上面新建图层并重命名为"树叶"层，将"库"面板中名为"树叶"的图形元件拖到舞台中，在舞台中添加"树叶"，效果如图 3-21 所示。

5．诗的制作

1）在"树叶"图层上面新建图层并重命名为"诗"层，在舞台上输入文字，字体的属性设置如图 3-22 所示，字体颜色设置为"白色"，最后舞台效果如图 3-23 所示。

图 3-21　添加树叶后的效果

图 3-22　字体的属性设置

2）选择输入的文字，按"F8"快捷键将其转化为影片剪辑元件并命名为"诗"，单击"确定"按钮，然后双击舞台上的"诗"元件，进入元件内部编辑。

3）选择"图层 1"中的文字，连续两次按"Ctrl + B"组合键将文字打散。选择"时间轴"上第 1 帧，单击鼠标右键，选择【剪切帧】命令。然后选择第 70 帧，单击鼠标右键，选择【粘贴帧】命令。最后按"F5"快捷键插入帧。

4）在"图层 1"上面新建图层并重命名为"遮罩"层，在第 70 帧处按"F6"快捷键插入关键帧，然后在舞台上文字的右边绘制一个矩形，效果如图 3-24 所示。

图 3-23　在舞台上写入诗的效果

5）在第 78 帧处按"F6"快捷键，插入关键帧。然后调整此时的矩形，将第 1 竖排的文字遮住。

6）分别在第 110 帧和第 120 帧处按"F6"快捷键，插入个关键帧，然后调整第 120 帧处的矩形，将第 2 竖排的文字遮住。

7）使用同样的方法在第 160 帧、第 170 帧、第 210 帧、第 220 帧、第 260 帧、第 270 帧、第 305 帧和第 315 帧插入关键帧并调整矩形的形状。

8）分别在第 70 帧和第 78 帧、第 110 帧和第 120 帧、第 160 帧和第 170 帧、第 210 帧和第 220 帧、第 260 帧和第 270 帧、第 305 帧和第 315 帧之间创建补间形状动画。

图 3-24　绘制矩形

9）鼠标右键单击图层"遮罩"，选择【属性】命令，然后将它设置为遮罩层。用同样的方法将"图层1"设置为"被遮罩"层，此时，元件"时间轴"状态如图3-25和图3-26所示。

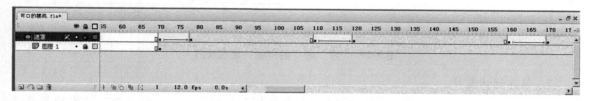

图3-25　"时间轴"显示1

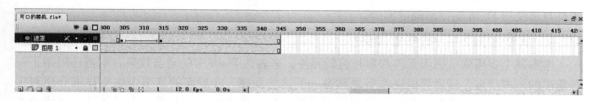

图3-26　"时间轴"显示2

注意：有关创建补间形状动画的概念在后面的章节中具体介绍，这里创建遮罩是为了朗诵诗歌时，声音和画面同步，从而达到意想不到的效果。

6. 添加声音

1）选择【文件】/【导入】/【打开外部库】菜单命令，打开教学资源包中的"素材\第三章\可口的樱桃.fla"文件，将"库-可口的樱桃.fla"面板中名为"声音"的元件复制到当前"库"中，此时"库"面板状态如图3-27所示。

图3-27　"库"面板状态

2）在"诗"影片剪辑元件中新建一个图层，重命名为"朗诵"，然后分别在第78帧、第120帧、第170帧、第220帧、第270帧处插入关键帧，分别添加声音"诗题""第1句""第2句""第3句""第4句"，如图3-28所示。

图3-28　添加"声音"元件的"属性"面板

3）新建一个图层，重命名为"背景音乐"，在第5帧处使用添加声音的方法添加背景音乐。

4）此时，影片剪辑"诗"的"时间轴"面板状态如图3-29所示。

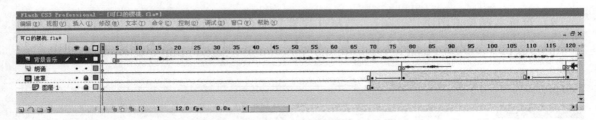

图 3-29 "诗"的"时间轴"面板状态

7. 保存测试影片

本案例主要介绍了影片剪辑元件和图形元件的使用及其相关区别，如"诗"的影片剪辑元件中有 345 帧，而在主场景中只需要 1 帧即可，对于这些使用技巧，读者需要勤加练习，才能提高自己使用 Flash 制作动画的能力。

3.1.3 典型案例 2——数字雨屏保

本案例主要用到了图形元件和影片剪辑元件，来表达 Flash 中的动态效果。本例还运用了一些简单的脚本语言，读者可以在本节先熟悉一下这些程序，在后面的章节中将会详细介绍程序的使用方法。设计思路包括创建数字雨图形元件、制作动态的流动效果、布置场景、创建动态文本、添加脚本语言。"数字雨屏保"设计效果如图 3-30 所示。

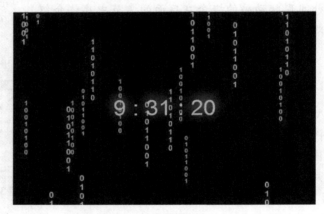

图 3-30 "数字雨屏保"设计效果

具体制作过程如下。

1. 创建数字雨图形元件

1）新建一个 Flash 文档，设置文档尺寸为"600 像素 × 400 像素"，背景颜色设置为"黑色"，帧频设置为"48"，其他属性保持默认参数。

2）新建一个图形元件并命名为"数字 1"，选择"文本"工具，在"属性"面板中设置字体大小为"15"，字体为"Arial"，颜色为"#00CC33"，在舞台中输入竖排的 8 个数字，这 8 个数字是由"0"和"1"构成，舞台效果如图 3-31 所示。

3）用同样的方法新建名为"数字 2"的图形元件，在舞台中输入 8 个数字，这 8 个数字组合和图形元件"数字 1"不一样，舞台效果如图 3-32 所示。

4）用同样的方法新建名为"数字 3"的图形元件，只改变数字的组合，字体大小设置为"13"，其他设置和前面的图形元件一样，舞台效果如图 3-33 所示。

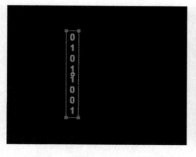
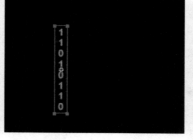

图 3-31　"数字 1"舞台效果　　　　图 3-32　"数字 2"舞台效果　　　　图 3-33　"数字 3"舞台效果

2. 制作动态的流动效果

1）新建一个影片剪辑元件并命名为"流动 1"，将"库"面板中名为"数字 1"的图形元件拖到舞台中并设置其属性，如图 3-34 所示。选择第 45 帧，按"F6"快捷键插入关键帧，设置"数字 2"图形元件的属性，如图 3-35 所示。选择第 50 帧，按"F5"快捷键插入帧，在第 1 帧和第 45 帧之间创建补间动画。此时，元件"流动 1"的"时间轴"面板状态如图 3-36 所示。

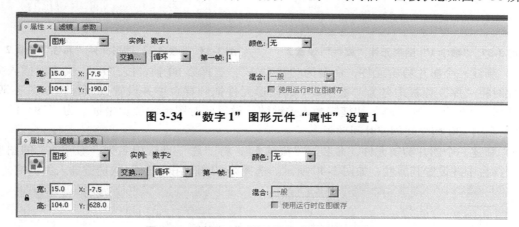

图 3-34　"数字 1"图形元件"属性"设置 1

图 3-35　"数字 2"图形元件"属性"设置 1

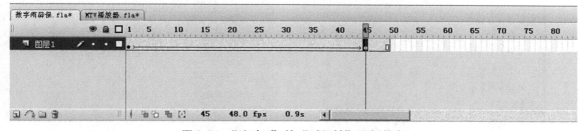

图 3-36　"流动 1"的"时间轴"面板状态

2）新建一个影片剪辑元件，命名为"流动 2"，将"库"面板中名为"数字 1"的图形元件拖到舞台中并设置其属性，如图 3-37 所示，选择第 150 帧，按"F6"快捷键插入关键帧，设置此时图形的位置坐标 y 为"855.4"。在第 1 帧和第 150 帧之间创建补间动画。

3）新建一个影片剪辑元件并命名为"流动 3"，将"库"面板中名为"数字 2"的图形元件拖到舞台中，并设置其属性，如图 3-38 所示，选择第 60 帧，按"F6"快捷键插入关键帧，设置此时图形的位置坐标 y 为"825.1"。在第 1 帧和第 60 帧之间创建补间动画。

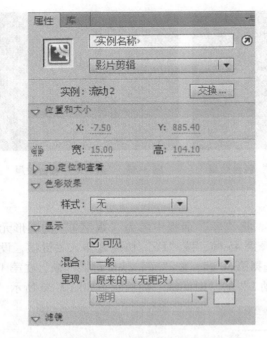

图 3-37 "数字 1"图形元件"属性"设置 2　　　图 3-38 "数字 2"图形元件"属性"设置 2

4）新建一个影片剪辑元件，命名为"流动 4"，选择第 60 帧，按"F6"快捷键插入关键帧，此时将"库"面板中名为"数字 3"的图形元件拖到舞台中并设置其属性，如图 3-39 所示。选择第 130 帧，按"F6"快捷键插入关键帧，设置此时图形的位置坐标 y 为"793.1"。在第 60 帧和第 130 帧之间创建补间动画。

5）新建一个影片剪辑元件，命名为"流动 5"，将"库"面板中名为"数字 1"的图形元件拖到舞台中并设置其属性，如图 3-40 所示。选择第 40 帧，按"F6"快捷键插入关键帧，设

图 3-39 "数字 3"图形元件"属性"设置　　　图 3-40 "数字 1"图形元件"属性"设置 3

置此时图形的位置坐标 y 为 "855.4"。在第 1 帧和第 40 帧之间创建补间动画。

6) 新建一个影片剪辑元件，命名为 "流动 6"，将 "库" 面板中名为 "数字 2" 的图形元件拖到舞台中并设置其属性，如图 3-41 所示。选择第 85 帧，按 "F6" 快捷键插入关键帧，设置此时图形的位置坐标 y 为 "1462.1"。在第 1 帧和第 85 帧之间创建补间动画。

7) 新建一个影片剪辑元件，命名为 "流动 7"，将 "库" 面板中名为 "数字 1" 的图形元件拖到舞台中并设置其属性，如图 3-42 所示。选择第 90 帧，按 "F6" 快捷键插入关键帧，设置此时图形的位置坐标 y 为 "728.6"。在第 1 帧和第 90 帧之间创建补间动画。

图 3-41 "数字 2" 图形元件 "属性" 设置 3   图 3-42 "数字 1" 图形元件 "属性" 设置 4

注意：在制作 "流动" 效果时，不一定完全按照上面的设置，只要保证在制作过程中将数字元件放入舞台后，元件可以从舞台的下方出去就可以了。而速度主要为了体现动态的视觉效果，这一点需要读者慢慢体会学习。

3. 布置场景

1) 返回主场景中，将默认 "图层 1" 重命名为 "数字" 层。

2) 将 "库" 面板中的元件 "流动 1" "流动 2" "流动 3" "流动 4" "流动 5" "流动 6" "流动 7" 拖到舞台中，调整它们的位置，按 "Alt" 键进行复制操作。最后舞台效果如图 3-43 所示。

注意：这里为了达到数字雨下落逼真的效果，相同的元件要放在不同位置，使它们的下落有时间差。在复制元件时，不要复制太多，否则达不到预期效果。每个元件复制 3 ~ 4 个即可。

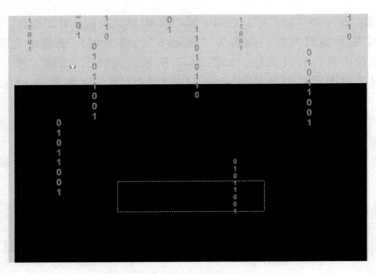

图 3-43 "数字雨屏保"舞台效果

4. 创建动态文本

1) 在"数字"图层上面新建图层并重命名为"时间"层，选择"文字"工具，在舞台中创建一个动态文本，颜色为"#33CCCC"并将动态文本命名为"outtime"，其属性设置如图 3-44 所示。

图 3-44 动态文本"属性"设置

2) 为文本添加滤镜效果。在"滤镜"面板中各选项设置如图 3-45 和图 3-46 所示，其中，投影的颜色设置为"#00CCFF"。

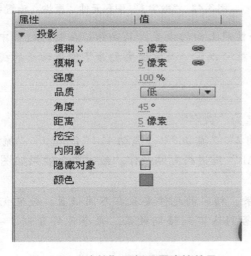

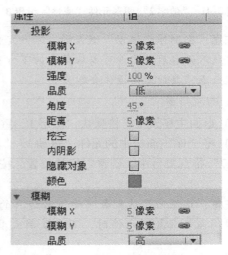

图 3-45 "滤镜"面板设置滤镜效果 1   图 3-46 "滤镜"面板设置滤镜效果 2

5. 添加脚本语言

在时"时间"图层上面新建图层并重命名为"AS"层，选择第 1 帧按"F9"快捷键打开"动作面板 – 帧"面板，输入以下脚本。

```
fscommand("fullscreen", "true");      //全屏命令
var date,dh,dm,ds;                     //定义变量
function displaytime() {
    date = new Date();
    dh = date.getHours();
    dm = date.getMinutes();
    ds = date.getSeconds();
    outtime.text = dh + " : " + displaydm() +" : " +displayds();
}                                      //End of the function
                                       //提取系统时间,并在文本"outtime"中显示
function displaydm() {
    if (dm < 10) {
        return ("0" + dm);
    } else {
        return dm;
    }                                  //end if
}          //如果时间小于10分钟,则输出"01~09"中的数,否则直接输出。
function displayds() {
    if (ds < 10) {
        return ("0" + ds);
    } else {
        return ds;
    }                                  //end if
}          //如果时间小于10秒,则输出"01~09"中的数,否则直接输出。
setInterval(displaytime,1000);  //每1000毫秒(1秒)执行函数 function displaytime
()一次。
```

6. 保存测试影片，完成动态的"数字雨屏保"作品

本案例主要应用了图形元件和影片剪辑元件功能及其相互配合，使制作的动画效果更加逼真。本案例还反映了影片剪辑元件和图形元件之间的区别，关于更多的操作技巧还需要读者认真体会。

3.2 使用公用库

本节主要介绍公用库的相关知识，并通过实例讲解具体的使用方法以及产生的效果。

3.2.1 知识准备——认识公用库

公用库是 Flash 动画制作一个比较重要的设计工具，可以直接使用公用库里面的按钮元件，也可以为公用库添加素材库元件。

1. 公用库的概念

公用库是 Flash 软件本身自带的库，里面包括很多有用的元件，而且都是系统现成的。当然也可以进行编辑，达到读者想要的效果为止。

2. 公用库包括的类型

1）学习交互。公用库里主要包含了一些基本的交互界面，可以进行简单的交互操作。

2）按钮。公用库中最常使用的元件是按钮，里面包含了各种各样的按钮，而且设计大方漂亮，读者在设计时可以直接使用，方便快捷。

3）类。公用库中也很少用到类，初学者一般用不到。

注意： 在使用公用库时，初学者一般都会用到按钮里的元件，其他两个一般很少用，而且在制作动画时，要和动画的背景、环境等相关因素进行搭配。所以一般情况下，制作动画作品时都需要将公用库里的元件进行修改完善，达到自己满意的效果。

3. 创建公用库

要创建一个公用库，首先选择需要作为公用库的源文件，即".fla"文件，复制到 C:\DocumentsandSettings\Administrator\LocalSettings\aPPLICATIOBdATA\Adobe\zh_cn\Configuration\Libraries\Adobe\Adobe Flash CS6\zh_ch\Configuration\Libraries 文件路径下。现以创建"家具01"公用库为例，这里已经将源文件"家具01.fla"复制到指定目录下，如图 3-47 所示。

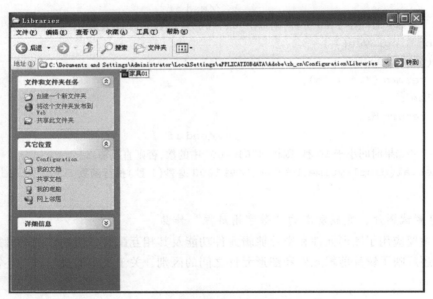

图 3-47　复制"家具01.fla"文件到指定目录下

新建一个 Flash 文档，执行【窗口】/【公用库】菜单命令，可以看到除了系统自带的"学习交互""按钮""类"以外，还有新添加的"家具01"公用库。单击"家具01"公用库，可以打开"家具01.fla"中的库，将"库"中的元件拖到舞台中，如图 3-48 所示，元件就已经出现在当前文件"库"中，如图 3-49 所示。

图 3-48 舞台显示　　　　　　　　　　图 3-49 当前文件"库"面板

3.2.2 典型案例——生日贺卡

本案例将介绍如何使用公用库来制作动画作品，帮助读者了解制作动画的方法。设计思路包括创建公用库、创建 Flash 文档、布置场景等。具体设计效果如图 3-50 和图 3-51 所示。

图 3-50 效果图 1（字红）　　　　　　　图 3-51 效果图 2（字白）

具体制作过程如下。

1. 创建公用库

将教学资源包中的"素材 \ 第三章 \ birthday. fla"文件复制到"C：\DocumentsandSettings \ Administrator\LocalSettings\ApplicationData\Adobe\zh_cn\Configuration\Libraries"目录下。

2. 创建 Flash 文档

1）新建一个 Flash 文档，设置文档尺寸为"450 像素 × 321 像素"，背景颜色为"黑色"，其他属性保持默认参数。

2）选择【窗口】／【公用库】／【birthday】菜单命令，打开"库 – birthday. fla"面板，将里面所有的元件内容复制到当前文档的"库"面板中，结果如图 3-52 所示。

图 3-52　复制元件

3. 布置场景

1）将默认"图层1"重命名为"背景"层，将"库"面板中"001.jpg"的图片拖到舞台中并居中，效果如图 3-53 所示。

2）在"背景"图层上面新建图层并重命名为"星星"层，将"库"面板中的"闪动星星"影片剪辑元件拖到舞台中，然后复制元件，将星星布置到舞台上，效果如图 3-54 所示。

图 3-53　添加背景图　　　　　　　　　　　　　　**图 3-54　添加闪动星星**

3）在"星星"图层上面新建图层并重命名为"蛋糕"层，将"库"面板中的"蛋糕1"影片剪辑元件拖到舞台中并设置坐标 x、y 分别为"98"和"263.4"，效果如图 3-55 所示。

4）在"蛋糕"图层上面新建图层并重命名为"生日快乐"层，将"库"面板中的"文字"影片剪辑元件拖到舞台中并设置坐标 x、y 分别为"256.8"和"108"，效果如图 3-56 所示。

图 3-55 添加蛋糕

图 3-56 添加文字

5）最后在"生日快乐"层上面新建图层并重命名为"背景音乐"层，选择第 1 帧，在"属性"面板中添加声音，其属性设置如图 3-57 所示。

图 3-57 设置"背景音乐"的属性

6）这时，主时间轴状态如图 3-58 所示。

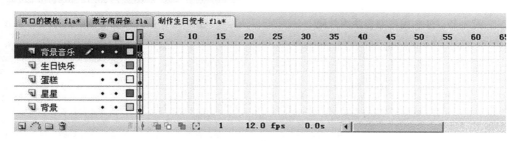

图 3-58 "生日贺卡"主时间轴状态

4. 保存测试影片，完成动态的"生日贺卡"作品

本案例主要介绍如何创建及如何使用公用库的相关知识，为读者以后使用公用库做好相应的知识准备。

本章小结

本章主要从创建元件出发，让读者初步了解制作动画的流程和技巧，并掌握一些基础的理论知识，如影片剪辑元件和图形元件的区别及其在使用上有何不同。读者除了学习本章的知识点外，还需要多练习、多思考，总结经验。

思考与练习

1. 使用元件有什么优点？
2. 元件主要包括哪几种类型？
3. 影片剪辑元件和图形元件有哪些区别？举例说明。
4. 如果想将常用的矢量素材库放入公用库中，怎样操作？
5. 绘制一个圆形，设置填充色为"#FF6600"，制作一个图形元件，然后将它拖到舞台中，将其颜色分别改变为"#CC00CC""#000000""#00CC00"，添加图形颜色最终效果如图 3-59 所示。
6. 将教学资源包中的"素材 \ 第三章 \ 制作情人节贺卡 . fla"文件导入到公用库中，然后使用"情人节贺卡"公用库进行舞台布置。情人节贺卡最终效果如图 3-60 所示。

图 3-59　添加图形颜色最终效果　　　　　　图 3-60　情人节贺卡最终效果

第 4 章　图层与帧的应用

Flash 是一款交互式矢量图形编辑与动画制作软件，前面学习了 Flash 软件的基础知识和关于图形的绘制编辑操作，接下来开始进入 Flash 动画制作阶段。本章将对两大重要的概念——图层与帧进行学习，理解并掌握这些知识是进行 Flash 动画制作的关键。

学习目标

- ☑ "时间轴" 面板简介
- ☑ 图层操作
- ☑ 如何管理 Flash 图层
- ☑ 帧的操作
- ☑ 综合实例开发

4.1 "时间轴" 面板简介

在 Flash CS6 软件中，图层与帧的操作通过 "时间轴" 面板进行。按照功能不同，"时间轴" 面板可以分为两个部分：左侧为图层操作区，右侧为帧操作区，如图 4-1 所示，这是 Flash 动画制作的核心部分，可以通过单击【窗口】/【时间轴】菜单命令，或按 "Ctrl + Alt + T" 组合键，对其进行隐藏或显示的切换。

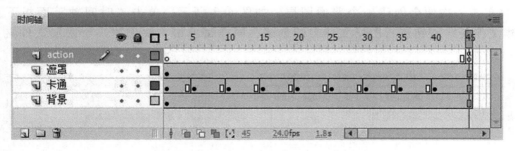

图 4-1 "时间轴" 面板的两个区域

4.2 图层操作

Flash 软件的图层位于 "时间轴" 面板的左侧，如图 4-2 所示，同其他图像编辑软件相同，在 Flash 中图层好比一张张透明的纸，在一张张透明的纸上分别作画，然后再将它们按一定的顺序进行叠加，各个图层操作相互独立，互不影响。

在 "时间轴" 面板的左侧，图层的排列顺序决定了舞台中对象的显示情况，其中最顶层的对象将始终显示于最上方。在舞台中可以对每个图层的对象设置任意数量，如果 "时间轴" 面板中图层数量过多的话，也可以通过上下拖动右侧的滑动条观察被隐藏的图层。

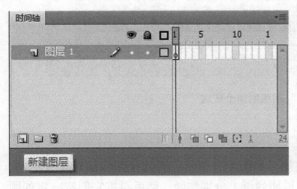

图 4-2 "时间轴"面板左侧的图层结构

4.2.1 创建图层与图层文件夹

系统默认下，新建空白 Flash 文档后，在"时间轴"面板中仅有一个名称为"图层1"的图层。在动画制作过程中，用户可以根据动画制作需要自由创建图层，合理有效地创建图层可以大大提高工作效率。

除可以自由创建图层外，Flash 软件还提供了一个图层文件夹的功能，它以树形结构排列，可以将多个图层分配到同一个图层文件夹中，也可以将多个图层文件夹分配到同一个图层文件夹中，从而有助于对图层进行管理。对于制作场景比较复杂的动画而言，合理、有效地组织图层与图层文件夹是极为重要的。下面便来学习创建图层和图层文件夹的常用操作方法。

（1）通过按钮创建 单击"时间轴"面板下方的"新建图层"按钮进行图层的创建，每单击一次便会创建一个普通图层，如图 4-3 所示。单击"时间轴"面板下方的"新建文件夹"按钮进行图层文件夹的创建，同样每单击一次创建一个图层文件夹，如图 4-4 所示。

图 4-3 "时间轴"面板的"新建图层"按钮   **图 4-4 "时间轴"面板的"新建文件夹"按钮**

（2）通过菜单命令创建 通过单击菜单栏【插入】/【时间轴】/【图层】或【图层文件夹】命令，同样可以创建图层和图层文件夹。

（3）通过"时间轴"面板右键菜单创建　在"时间轴"面板左侧的图层处单击鼠标右键，在弹出的快捷菜单中选择【插入图层】或【插入文件夹】命令，同样可以创建图层和图层文件夹，如图 4-5 所示。

在"时间轴"面板中，新建的图层或图层文件夹就会出现在当前所选图层的上面，而且成为当前工作图层或当前工作图层文件夹，以蓝色背景显示且名称后带有铅笔图标，如图 4-6 所示。

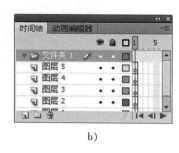

a)　　　　　　　　　b)

图 4-5　用于创建图层和图层文件夹的鼠标右键菜单

图 4-6　当前工作图层和当前工作图层文件夹的显示
a）当前工作图层　b）当前工作图层文件夹

4.2.2　重命名图层或图层文件夹名称

在"时间轴"面板中，新建图层或图层文件夹后，系统会自动依次命名为"图层 1""图层 2"和"文件夹 1""文件夹 2"等。为了方便管理，用户可以根据需要自行设置名称，不过一次只能重命名一个图层或图层文件夹。重命名图层或图层文件夹名称的方法很简单，首先在"时间轴"面板的某个图层（或图层文件夹）的名称处快速双击，使其进入编辑状态，然后输入新的图层名称，最后按"Enter"键即可完成重命名操作，如图 4-7 所示。

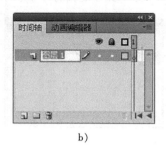
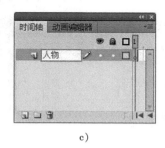

a)　　　　　　　　b)　　　　　　　　c)

图 4-7　重命名图层（或图层文件夹）的步骤
a）双击后进入编辑状态　b）输入新的图层名称　c）按 Enter 键完成重命名操作

4.2.3　选择图层与图层文件夹

选择图层与图层文件夹是 Flash 图层编辑中最基本的操作，如果要对某个图层或图层文件夹进行编辑，必须先将其选择。在 Flash 软件中选择图层与图层文件夹的操作方法相同，可以选择一个，也可以选择多个，选择的图层（或图层文件夹）会以蓝色背景显示，常用的方法如下。

（1）选择单个图层或图层文件夹　在"时间轴"面板左侧的图层或图层文件夹名称处单击，即可将该图层或图层文件夹直接选择。

（2）连续选择等多个图层或图层文件夹　在"时间轴"面板中选择第一个图层（或图层文件夹），然后按住"Shift"键的同时选择最后一个图层（或图层文件夹），这样就将第一个与最后一个图层（或图层文件夹）之间的所有图层（或图层文件夹）全部选择。

（3）间隔选择多个图层或图层文件夹　按住"Ctrl"键的同时，在"时间轴"面板中单击需要选择的图层（或图层文件夹）名称，可以进行间隔选择，即当前图层（或图层文件夹）与单击的图层（或图层文件夹）为选择的图层（或图层文件夹）。图 4-8 所示是选择不同图层的显示。

a)　　　　　　　　b)　　　　　　　　c)

图 4-8　选择不同图层的显示

a）选择单个图层　b）连续选择图层　c）间隔选择图层

4.2.4　调整图层与图层文件夹排列顺序

在"时间轴"面板创建图层或图层文件夹时，会按自下向上的顺序进行添加，当然在动画制作的过程中，用户可以根据需要更改图层（或图层文件夹）的排列顺序，并且还可以将图层与图层文件夹放置在同一个图层文件夹中，常用方法如下。

（1）更改图层（或图层文件夹）的顺序　首先选择需要进行排序的图层（或图层文件夹），然后按住鼠标左键，将其名称拖到所需位置，释放鼠标即可。拖曳时以一条黑线表示，拖曳的图层（或图层文件夹）可以为单个，也可以为相邻的多个、不相邻的多个，如图 4-9 所示。

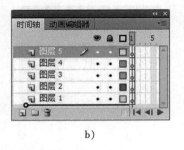

a)　　　　　　　　b)　　　　　　　　c)

图 4-9　更改图层（或图层文件夹）的顺序

a）选择的图层　b）拖曳时黑线的显示　c）更改后的图层

（2）将图层（或图层文件夹）移动到目标图层文件夹中　首先选择图层（或图层文件夹），然后按住鼠标左键拖曳，将图层名称拖到图层文件夹中，释放鼠标后，在该图层文件夹下方就会出现被拖曳图层（或图层文件夹），如图 4-10 所示。

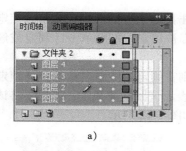  

a)　　　　　　　　　　　　　　　b)　　　　　　　　　　　　　　c)

图 4-10　将图层移动到目标图层文件夹中

a）选择的图层　b）拖曳时的显示　c）移动后的图层

4.2.5　显示与隐藏图层和图层文件夹

默认情况下，创建图层与图层文件夹处于显示状态，但是在制作复杂的动画时，有时为了便于观察，可以将某个或者某些图层或图层文件夹进行隐藏，而且在 .swf 动画文件的发布设置中，还可以选择是否包括隐藏图层，图层与图层文件夹的显示与隐藏操作方法相同。

（1）全部图层的显示或隐藏　在"时间轴"面板中，单击上方的【显示或隐藏所有图层】命令，可以将所有图层（或图层文件夹）全部显示或隐藏。如果所有的图层（或图层文件夹）右侧的黑点显示为红色叉号，表示全部隐藏；再次单击上方的眼睛符号，则红叉号又显示为黑点，表示全部显示。

（2）单个图层的显示或隐藏　在"时间轴"面板中，如果相对某个图层（或图层文件夹）进行显示或隐藏，可以单击需要显示或隐藏的图层（或图层文件夹）名称右侧下方的"黑点"符号，黑点显示为红叉号，表示隐藏；再次单击红叉号又显示为黑点，表示显示，如图 4-11 所示。

a)　　　　　　　　　　　　　　　b)　　　　　　　　　　　　　　c)

图 4-11　显示或隐藏图层

a）显示所有图层　b）隐藏全部图层　c）隐藏单个图层

注意：在进行图层（或图层文件夹）的显示与隐藏操作时，除了可以通过上面介绍的方法外，按住"Alt"键的同时在"时间轴"面板中单击图层（或图层文件夹）【显示或隐藏所有图层】命令下方的黑点，可将除了所选图层之外的其他图层和图层文件夹隐藏；再次按住"Alt"键的同时单击，又可以将它们显示。

4.2.6　锁定与解除锁定图层与图层文件夹

默认情况下，创建图层与图层文件夹处于解除锁定状态。在进行 Flash 对象的编辑时，如果工作区域中的对象很多，那么在编辑其中的某个对象时就可能出现影响到其他对象的误操作，针对这一情况可以将不需要的图层或图层文件夹暂时锁定。图层与图层文件夹的锁定和解除锁定操作相同，方法如下。

（1）全部图层锁定或解除锁定　在"时间轴"面板中，单击图层上方的【锁定或解除锁定所有图层】命令，"黑点"显示为小锁符号时，表示全部图层都被锁定；再次单击【锁定或解除锁定所有图层】命令，则全部图层都被解除锁定。

（2）单击图层锁定或解除锁定　如果需要锁定单个图层，则在锁定的图层名称右侧【锁定或解除锁定所有图层】命令下方的黑点处单击，黑点变为小锁表示该图层被锁定；如果要将该图层解除锁定，则再次单击小锁符号，将其显示为黑点即可，如图4-12所示。

a)　　　　　　　　　　　　b)　　　　　　　　　　　　c)

图 4-12　锁定或解除锁定图层

a）解除锁定所有图层　b）锁定全部图层　c）锁定单个图层

注意：在进行锁定与解除锁定图层（或图层文件夹）操作时，按住"Alt"键的同时单击图层（或图层文件夹）【锁定或解除锁定所有图层】命令下方的黑点，可锁定除了所选图层之外的其他图层和图层文件夹；再次按住"Alt"键的同时单击，又可以将它们解除锁定。

4.2.7　图层与图层文件夹对象的轮廓显示

系统默认情况下Flash创建的动画对象以实体状态显示，在"时间轴"面板中，如果要对图层或图层文件夹进行显示操作，除了可以显示与隐藏、锁定与解除锁定外，还可以根据轮廓的颜色进行显示，如图4-13所示。

图层与图层文件夹的轮廓显示操作相同，方法如下。

（1）将全部图层显示为轮廓　在"时间轴"面板中，单击上方的【将所有图层显示为轮廓】命令，可以将所有图层与图层文件夹的对象显示为轮廓。

（2）单个图层对象轮廓显示　在"时间轴"面板中，如果需要将单个图层显示为轮廓，则单击右侧【将所有图层显示为轮廓】命令下方的方块符号，即可将当前图层对象以轮廓显示，如图4-14所示。

显示实体对象　　　　显示对象轮廓

图 4-13　对象的实体显示与轮廓显示

 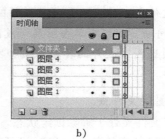 

a)　　　　　　　　　　　　b)　　　　　　　　　　　　c)

图 4-14　将图层显示为轮廓

a）系统默认时的显示　b）将全部图层显示为轮廓　c）将单个图层显示为轮廓

注意：在进行图层与图层文件夹的轮廓显示操作时，按住"Alt"键的同时单击图层（或图层文件夹）右侧的方块符号，可将除所选图层之外的其他图层和图层文件夹舞台中的对象轮廓显示；再次按住"Alt"键的同时单击方块符号，又可以将它们实体显示。

4.2.8 删除图层与图层文件夹

在使用 Flash 软件制作动画时难免会创建出一些没用的图层，对于一些不必要的图层与图层文件夹需要将其删除，常用的方法如下。

方法一：首先选择需要删除的图层或图层文件夹，然后单击"时间轴"面板下方的"删除"按钮，即可将所选的图层删除，如图 4-15 所示。

 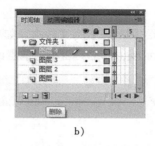 

a)   b)   c)

图 4-15 删除图层的步骤

a) 选择要删除的图层 b) 单击"删除"按钮 c) 删除后的图层

方法二：首先选择需要删除的图层或图层文件夹，然后将其拖到"时间轴"面板下方的"删除"按钮处，释放鼠标后，将所选的图层删除。

在进行的图层文件夹的删除操作时，会弹出如图 4-16 所示的提示框，询问是否将该图层文件夹中的嵌套图层也一并删除掉。选择"是"按钮，则将嵌套图层一并删除掉。

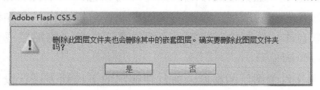

图 4-16 弹出的提示框

4.2.9 图层属性的设置

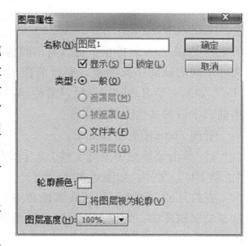

除了可以使用前面介绍的方法进行图层的隐藏或显示、锁定或解除锁定以及是否以轮廓显示等属性设置外，在 Flash CS6 软件中还可以通过"图层属性"对话框进行图层属性的综合设置。单击菜单栏【修改】/【时间轴】/【图层属性】命令，或在"时间轴"面板的某个图层处单击右键，在弹出菜单中单击【属性】命令，就会弹出如图 4-17 所示的"图层属性"对话框。

（1）名称 用于图层的命名，通过在右侧的文本框中输入文字进行设置。

（2）显示 用于设置在场景中显示或隐藏图层的

图 4-17 "图层属性"对话框

内容。勾选时为显示状态，不勾选时为隐藏状态。

（3）锁定　用于设置锁定或解除锁定图层。勾选时为锁定状态，不勾选时为隐藏状态。

（4）类型　用于设置图层的种类。一般显示为 5 种，通过点选进行设置。

1）一般：点选该项，设置选择的图层为系统默认的普通图层。

2）遮罩层：点选该项，将选择的图层设置为遮罩层，遮罩层对象可以显示出其下面被遮罩层中的对象。

3）被遮罩：点选该项，将选择的图层设置为被遮罩层，与遮罩层结合使用可以制作遮罩动画。

4）文件夹：点选该项，将选择的图层设置为文件夹。如果该图层中有动画对象，点选该项后，可弹出一个如图 4-18 所示的提示框，询问是否将当前层的全部内容删除。

图 4-18　信息提示框

5）引导层：点选该项，将选择的图层设置为引导层，该类型的图层可以制作运动引导层动画。此外，引导层还有一个作用就是将图层中的对象注销掉，即此图层中的对象在动画播放时不会显示，只起到参考的作用。

（5）轮廓颜色　用于设置当前图层中对象的轮廓与颜色以及是否以轮廓状态显示，从而可以帮助用户快速区分对象所在的图层。单击右侧的色块，可以弹出一个颜色设置调色板，在其中可以直接选取一种颜色作为绘制轮廓的颜色，而勾选下方的"将图层视为轮廓"选项，可以将当前图层中的内容以轮廓显示。

（6）图层高度　用于设置图层的高度，通过在弹出的下拉列表进行设置，有 100%、200% 和 300% 三种。

4.3　实例指导——管理 Flash 图层

在 Flash CS6 软件中，可以将不同的对象放置在不同的图层中，这样就可以在相同的时间段内让不同的动画一起播放。通过前面的学习读者可以了解图层的相关知识，下面通过"上学 . fla"实例来学习动画制作里经常使用的图层操作，其最终效果如图 4-19 所示。读者也可以使用前面学习的其他图层的操作。

管理 Flash 图层步骤如下。

1）单击菜单栏中的【文件】/【打开】命令，打开教学资源包中 \ 素材 \ 第四章目录下的"上学 . fla"文件，如图 4-20 所示。

在打开的文件中可以观察到该文件中只包括一个图层，而且所有的图形都处于这个图层中，这是动画制作的一大忌。为了便于动画制作，需要将所要制作动画的图形合理安排在不同的图层中。

图 4-19 "上学.fla"实例最终效果

2）使用"选择"工具选择舞台右侧的儿童图形，然后单击菜单栏中的【编辑】／【剪切】命令，将选择的图形剪切到剪贴板中，此时舞台中显示的内容如图 4-21 所示。

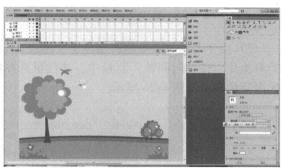

图 4-20 打开的"上学.fla"文件　　　　　　　　**图 4-21 剪切儿童图形后的显示**

3）单击"时间轴"面板下方的"新建图层"按钮，在"图层 1"之上创建一个新图层，并在新建图层名称处快速双击，然后输入新的名称"儿童"，按"Enter"键，从而在"图层 1"之上就创建了一个新图层"儿童"。创建"儿童"图层后的"时间轴"面板如图 4-22 所示。

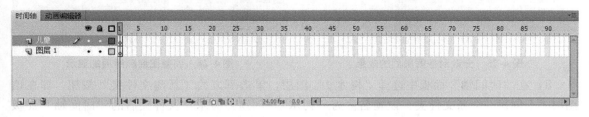

图 4-22 创建"儿童"图层后的"时间轴"面板

4）单击菜单栏中的【编辑】／【粘贴到当前位置】命令，将刚才剪切的儿童图像粘贴到"儿童"图层舞台原来的位置，如图 4-23 所示。

5）使用"选择"工具并按住"Shift"键的同时依次单击舞台中的单棵大树和三棵小树，然后单击鼠标右键，在弹出的菜单中选择【分散到图层】命令，如图 4-24 所示。

6）此时，每组树木图形在"时间轴"面板中"图层 1"的下方会自动生成图层，然后设置各图层的名称为"树木 1"和"树木 2"，如图 4-25 所示。

图 4-23　在"儿童"图层粘贴后的效果　　　　　图 4-24　选择【分散到图层】命令

7）由于各树木所处的图层位于"图层 1"的下方，因此舞台中的各树木被"图层 1"中的对象遮住。在"时间轴"面板中，按住鼠标左键拖曳，将"图层 1"拖曳到最下方。调整图层顺序后的显示如图 4-26 所示。

图 4-25　分散到各图层后的效果　　　　　图 4-26　调整图层顺序后的显示

8）在"时间轴"面板中选择"树木 1"图层，单击下方的"新建文件夹"按钮，即在该图层之上创建一个新文件夹，设置名称为"树木"。创建"树木"文件夹后的"时间轴"面板如图 4-27 所示。

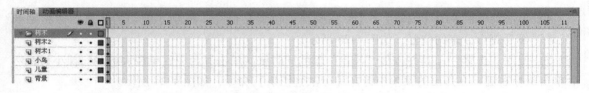

图 4-27　创建"树木"文件夹后的"时间轴"面板

9）在"时间轴"面板中，选择"树木1"图层，按住"Shift"键选择最下方的"树木2"图层，从而将这两个图层全部选中，然后按住鼠标左键，将其拖到"树木"图层文件夹中。移动到"树木"图层文件夹后的"时间轴"面板如图4-28所示。

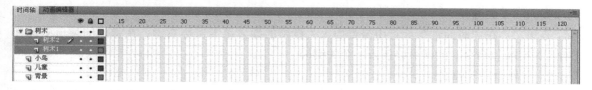

图4-28 移动到"树木"图层文件夹后的"时间轴"面板

10）在"时间轴"面板中选择"儿童"图层，单击"新建图层"按钮，在该图层之上创建一个新层，并设置新层的名称为"小鸟"。

11）使用"选择"工具并按住"Shift"键的同时依次单击舞台中的两只可爱的小鸟；然后通过菜单栏中的【编辑】/【剪切】命令和【粘贴到当前位置】命令，将"图层1"中的两只可爱的小鸟剪切并粘贴到"小鸟"图层中当前位置。

12）在"时间轴"面板中，将"图层1"重新命名为"背景"。到此该动画的图层操作完成，在"时间轴"面板中由原来的一个图层变为了三个图层和一个图层文件夹，并且通过设置合适的名称而一目了然，方便动画的制作。"上学.fla"实例"时间轴"面板如图4-29所示。

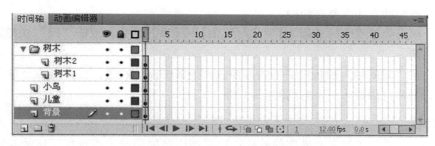

图4-29 "上学.fla"实例"时间轴"面板

4.4 帧操作

实际上，制作一个Flash动画的过程其实也就是对每一帧进行操作的过程。通过在"时间轴"面板右侧的帧操作区中进行各项帧操作从而制作出丰富多彩的动画效果，其中每一个影格代表一个画面，每一个影格就是一帧，一个动画具有多少个影格就代表这个动画能够播放多少帧。

4.4.1 普通帧、关键帧与空白关键帧

在Flash中创建帧的类型主要有三种：普通帧、空白关键帧和关键帧。系统默认时，新建Flash文档包括一个图层，一个空白关键帧，用户可以根据需要在"时间轴"面板中创建任意多个普通帧、关键帧和空白关键帧，根据创建帧的类型不同其操作方法也会有所不同。

1. 创建关键帧

关键帧是指在这一帧的舞台上实实在在的动画对象。这个动画对象可以是自己绘制的图形，

也可以是外部导入的图形或者导入的声音文件等。动画创建时对象都必须插入在关键帧中。在 Flash 软件中创建关键帧的方法主要有以下两种。

方法一：单击菜单栏中的【插入】/【时间轴】/【关键帧】命令，或按"F6"快捷键，便可以插入一个关键帧。

方法二：在"时间轴"面板中需要插入关键帧的地方单击鼠标右键，在弹出的菜单中选择【插入关键帧】命令，同样可以插入一个关键帧。

2. 创建空白关键帧

空白关键帧是一种特殊的关键帧类型，在舞台中没有任何对象存在，用户可以在舞台中自行加入对象，加入后，该帧将自动转换为关键帧，同时将关键帧中的对象全部删除，则该帧又会转换为空白关键帧。在 Flash 软件中，创建空白关键帧的方法主要有以下两种。

方法一：单击菜单栏中的【插入】/【时间轴】/【空白关键帧】命令，或按"F7"快捷键，便可插入一个空白关键帧。

方法二：在"时间轴"面板中需要插入空白关键帧的地方单击鼠标右键，在弹出的菜单中选择【插入空白关键帧】命令，同样可以插入一个空白关键帧。

3. 创建普通帧

普通帧是延续上一个关键帧或者空白关键帧的内容，并且前一关键帧与该帧之间的内容完全相同，改变其中的任意一帧，其后的各帧也会发生改变，直到下一个关键帧为止。在 Flash 软件中，创建普通帧的方法主要有两种。

方法一：单击菜单栏中的【插入】/【时间轴】/【帧】命令，或按"F5"快捷键，便可以插入一个普通帧。

方法二：在"时间轴"面板中需要插入普通帧处单击鼠标右键，在弹出的菜单中选择【插入帧】命令，同样可以插入一个普通帧。

4.4.2　选择帧

选择帧是对帧进行各种基本操作的前提，选择相应帧的同时也就选择了该帧在舞台中的对象。在 Flash 动画制作过程中，可以选择同一图层的单帧或多帧，也可以选择不同图层的单帧或多帧，选择的帧以蓝色背景显示，常用的选择帧方法如下。

（1）选择同一图层的单帧　在"时间轴"面板右侧时间线上单击，即可选择单帧。

（2）选择同一图层相邻的多帧　在"时间轴"面板右侧的时间线上单击，选择单帧，然后按住"Shift"键的同时，再次单击，可以将两次单击的帧以及它们之间的帧全部选择。

（3）选择相邻图层的单帧　选择"时间轴"面板的单帧后，按住"Shift"键的同时，单击不同图层的相同单帧，将相邻图层的同一帧进行选择；或者在选择单帧的同时向下或向上拖曳，同样可以将相邻图层的单帧选择。

（4）选择相邻图层的多个相邻帧　选择"时间轴"面板的单帧后，按住"Shift"键的同时，单击相邻图层的不同帧，可以将不同图层的多帧进行选择；或者在选择单帧的同时向下或向上拖曳鼠标，同样可以将相邻图层的多帧选择。

（5）选择不相邻的多帧　在"时间轴"面板右侧的时间线上单击，选择单帧，然后按"Ctrl"键的同时，再次单击其他帧，可以将不相邻的帧选择；如果在不同图层处单击，也可将不同图层的不相邻的帧选择，如图 4-30 所示。

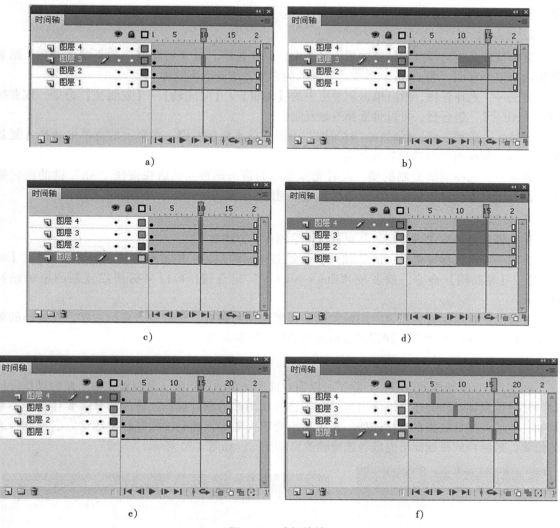

图 4-30　选择的帧

a) 选择同一图层的单帧　b) 选择同一图层相邻的多帧　c) 选择多个相邻图层的单帧

d) 选择多个相邻图层的多帧　e) 选择同一图层不相邻的单帧　f) 选择多个图层不相邻的单帧

4.4.3　剪切帧、复制帧和粘贴帧

在 Flash 中不仅可以剪切、复制和粘贴舞台中的动画对象，而且还可以剪切、复制、粘贴图层中的动画帧，这样就可以将一个动画复制到多个图层中，或者复制到不同的文档中，从而使动画制作更加轻松快捷，大大提高工作效率。

1. 剪切帧

剪切帧是将选择的各动画帧剪切到剪贴板中，以作备用。在 Flash 软件中，剪贴帧的方法主要有以下两种。

方法一：选择各帧，然后单击菜单栏中的【编辑】/【时间轴】/【剪贴帧】命令，或者按 "Ctrl + Alt + X" 组合键，可以将选择的动画帧剪切。

方法二：选择各帧，然后在 "时间轴" 面板中单击鼠标右键，在弹出的菜单中选择 "剪切帧"命令，同样可以将选择的帧剪切。

2. 复制帧

复制帧就是将选择的各帧复制到剪贴板中，以作备用。与"剪贴帧"的不同之处在于原来的帧内容依然存在。在 Flash 软件中，复制帧的常用方法有以下三种。

方法一：选择各帧，然后单击菜单栏中的【编辑】/【时间轴】/【复制帧】命令，或者按"Ctrl + Alt + C"组合键，可以将选择的帧复制。

方法二：选择各帧，然后在"时间轴"面板中单击鼠标右键，在弹出的菜单中选择【复制帧】命令，同样可以将选择的帧复制。

方法三：选择需要复制的帧，此时光标显示为箭头图标，然后在按住"Alt"键的同时拖曳，到合适位置处释放鼠标，将选择的帧复制到此。

3. 粘贴帧

粘贴帧就是将剪切或复制的各帧进行粘贴操作，方法如下。

方法一：将鼠标放置在"时间轴"面板需要粘贴的帧处，单击菜单栏中的【编辑】/【时间轴】/【粘贴帧】命令，或者按"Ctrl + Alt + V"组合键，可以将剪切或复制的帧粘贴到该处。

方法二：将鼠标放置在"时间轴"面板需要粘贴的帧处，然后单击鼠标右键，在弹出的菜单中选择【粘贴帧】命令，同样可以将剪切的帧粘贴到该处。

4.4.4 移动帧

在制作 Flash 动画的过程中，除了可以通过前面介绍的剪切帧、复制帧和粘贴帧的操作进行动画帧的位置调整外，还可以使用鼠标直接进行动画帧的移动操作。首先选择需要移动的各动画帧，然后将光标放置在选择帧处，光标显示为箭头图标，然后按住鼠标左键将它们拖到合适的位置，最后释放鼠标即可完成各选择帧的移动操作，如图 4-31 所示。

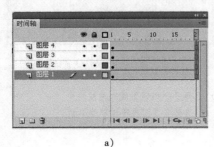

a)

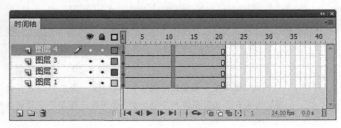

b)

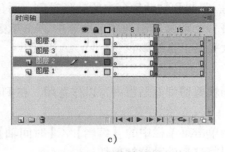

c)

图 4-31　移动帧的过程

a) 选择需要移动的各帧　b) 拖曳时的显示　c) 移动后的各帧

注意：按"Ctrl"键的同时将光标放置在"时间轴"面板右侧的帧操作区帧的分界线上，当光标显示为双箭头时，拖动帧的分界线可以将帧移动。

4.4.5 删除帧

在制作 Flash 动画的过程中，如果有错误或有多余的动画帧需要将其删除，其前提条件是需要选择删除的各动画帧，方法如下。

方法一：选择需要删除的各帧，然后单击鼠标右键，在弹出的菜单中选择【删除帧】命令，可以将选择的帧全部删除。

方法二：选择需要删除的各帧，然后按"Shift + F5"组合键，同样可以将选择的各帧删除。删除帧前后的显示如图 4-32 所示。

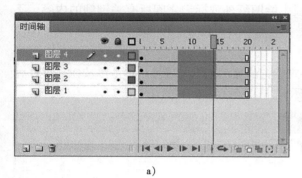
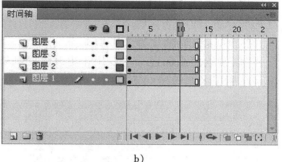

a)   b)

图 4-32 删除帧前后的显示

a）选择的各帧 b）删除后的各帧

4.4.6 翻转帧

Flash 中的翻转帧就是将选择的一段连续帧的序列进行头尾翻转。也就是说，将第 1 帧转换为最后 1 帧，最后 1 帧转换为第 1 帧，第 2 帧与倒数第 2 帧进行交换，其余各帧依次类推，直到全部交换完毕为止。该命令仅对连续的各帧有用，如果是单帧则不起作用，翻转帧的方法如下。

方法一：选择各帧，然后单击菜单栏中的【修改】／【时间轴】／【翻转帧】命令，可以将选择的帧进行头尾翻转。

方法二：选择各帧，然后在"时间轴"面板中单击鼠标右键，在弹出的菜单中选择【翻转帧】命令，同样可以将选择的帧进行头尾翻转。

4.4.7 使用绘图纸工具编辑动画帧

通常情况下，在 Flash 动画的制作过程时，舞台中一次只能显示或编辑一个关键帧中的对象，如果需要显示多个关键帧或同时编辑多个关键帧中的对象时，就需要使用"绘图纸"工具，Flash 绘图纸工具位于"时间轴"面板的下方，如图 4-33 所示。

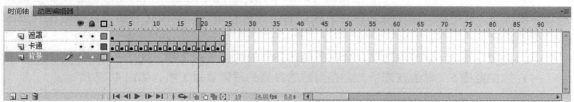

图 4-33 "绘图纸"工具

1. 在舞台上同时查看动画的多个帧

在"时间轴"面板下方单击"绘图纸外观"按钮后，在舞台中可以将两个绘图纸外观标记（即"起始绘图纸外观"与"结束绘图纸外观"）之间的所有帧显示出来，当前帧以实体显示，其他帧以半透明的方式显示。

如果单击"绘图纸外观轮廓"按钮，在舞台中则可以将绘图纸外观标记之间的所有帧显示出来，当前帧以实体显示，而其他帧以轮廓线的方式显示。

2. 控制绘图纸外观的显示

如果想要编辑绘图纸外观标记之间的多个或全部帧，可以通过单击"编辑多个帧"按钮进行操作，此时在舞台中可以显示"时间轴"面板中绘图纸外观标记之间所有关键帧的内容，不管它是否为当前工作帧。

3. 更改绘图纸外观标记的显示

"修改绘图纸标记"主要用于更改绘图纸外观标记的显示范围与属性，单击该按钮，可以弹出一个用于各项设置的下拉列表，如图 4-34 所示。

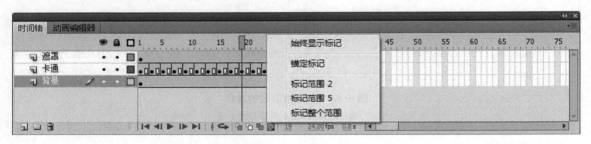

图 4-34　弹出的"修改绘图纸标记"下拉列表

（1）始终显示标记　无论绘图纸工具是否打开，选择该项，都可以显示绘图纸外观的两个标记，左侧的为起始绘图纸外观，右侧的为结束绘图纸外观，如图 4-35 所示。

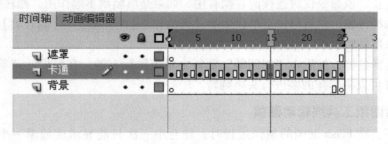

图 4-35　绘图纸外观的两个标记

（2）锚定标记　通常情况下，绘图纸外观两个标记会随当前选择帧的更改而移动，但是如果选择该选项，就可以将绘图纸外观两个标记的位置进行锁定，从而在移动当前帧时使其位置保持不受影响。

（3）标记范围 2　单击该选项，会在当前选择帧的两侧显示 2 帧，如图 4-36 所示。

（4）标记范围 5　单击该选项，会在当前选择帧的两侧显示 5 帧，如图 4-37 所示。

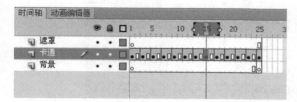

图 4-36　选择"标记范围 2"的显示

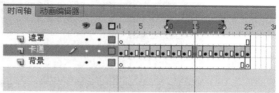

图 4-37　选择"标记范围 5"的显示

（5）标记整个范围　单击该选项，会在当前帧的两边显示所有帧，如图 4-38 所示。

注意：在制作较为复杂的 Flash 动画时，有时需要对某个或者某些图层进行多个帧的编辑，为了避免出现使人混乱的情况，可以在"时间轴"面板将不希望对其使用绘图纸外观的图层进行锁定。

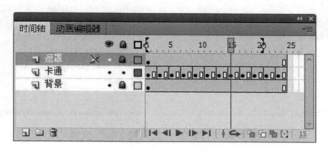

图 4-38　选择"标记整个范围"的显示

4.5　综合实例 —— 过马路动画

通过前面的学习了解到动画的操作是 Flash 动画制作的核心，通过灵活运用可以大大提高工作效率。接下来便通过一个具体实例"过马路"并结合前面所学各项帧的操作来丰富动画效果，如图 4-39 所示。

图 4-39　"过马路"动画效果

制作"过马路"动画步骤如下。

1）单击菜单栏中的【文件】/【打开】命令，打开教学资源包＼素材＼第四章目录下的"过马路.fla"文件，如图 4-40 所示。

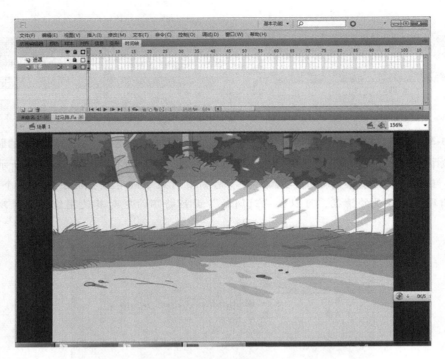

图 4-40　打开的"过马路. fla"文件

2）在"时间轴"面板中"背景"图层之上创建新层"卡通"，然后单击菜单栏中的【文件】/【导入到舞台】命令，在弹出的"导入"对话框中双击教学资源包\素材\第四章目录下的"卡通一家亲. swf"图形文件，将该图形文件导入到当前场景的舞台中，如图 4-41 所示。

图 4-41　导入"卡通一家亲. swf"图形文件后的效果

此时可以看到，导入后的动画对象位于舞台左上角的位置处。接下来便通过各个绘图纸工具对导入图形进行位置的重新调整。

3）单击"时间轴"面板下方的"修改绘图纸标记"按钮，在弹出的下拉列表中选择"始终显示标记"选项，显示绘图纸外观的两个灰色标记，如图 4-42 所示。

4）单击"时间轴"面板下方的"修改绘图纸标记"按钮，在弹出的下拉列表中选择"所有绘图纸"选项，从而将当前帧两侧的帧全部显示，如图 4-43 所示。

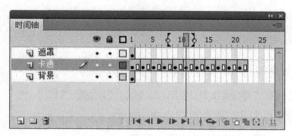 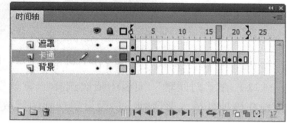

图 4-42　选择"始终显示标记"选项　　　图 4-43　选择"所有绘图纸"选项

5）单击"时间轴"面板中"编辑多个帧"按钮，则此时的舞台可以显示出"时间轴"面板中所有关键帧的内容。

6）确认"时间轴"面板中"背景"和"遮罩"图层处于锁定状态，单击菜单栏中的【编辑】/【全选】命令，从而将所有帧的对象全部选择，然后使用"选择"工具将选择后的所有帧的对象移动到舞台居中的位置上。

7）再次单击"时间轴"面板中"编辑多个帧"按钮，取消对舞台中所有关键帧的内容的选择编辑状态。

8）在"时间轴"面板中任意图层的第 1 帧处单击，选择该帧，然后按"Enter"键，可以在编辑状态下自动将播放头从当前的第 1 帧移动到动画的最后一帧，从而在舞台中进行动画的预览。通过自动移动播放头对"过马路.fla"动画预览可以看见"背景"和"遮罩"图层只显示一帧，并且导入的卡通动作存在频率太快等不足。接下来便通过前面介绍的帧操作来解决这些不足。

9）在"时间轴"面板中选择"卡通"图层第 1 帧，然后按"F5"键 1 次，从而在第 1 帧后插入一个普通帧，如图 4-44 所示。

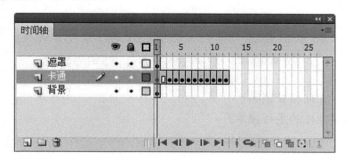

图 4-44　插入一个普通帧后的"时间轴"面板

10）同样方法，依次选择"卡通"图层的第 3 帧至第 12 帧，然后分别按"F5"键一次，从而在选择帧后插入一个普通帧，如图 4-45 所示。

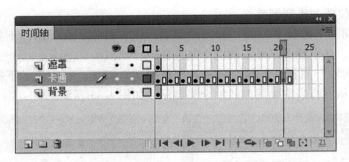

图 4-45   选择 "卡通" 图层的 "时间轴" 面板

11）在 "时间轴" 面板中依次选择 "背景" 和 "遮罩" 图层第 22 帧，然后按 "F5" 键，分别在该帧处插入普通帧，从而设置动画的播放时间为 22 帧，如图 4-46 所示。

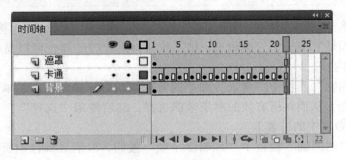

图 4-46   在 "时间轴" 面板设置动画的播放时间

12）到此，该动画制作完成。单击菜单栏中的【文件】/【保存】命令，将文件进行保存。

━━━━ 本章小结 ━━━━

读者在制作完成该动画后，可以单击菜单栏中的【控制】/【测试影片】/【测试】命令，在弹出的影片测试窗口中对制作的动画进行测试，可以观看到可爱的卡通妈妈带领它的小宝宝们过马路的动画效果。

━━━━ 思考与练习 ━━━━

1. 什么是帧频？如何设置帧频？
2. 举例说明图层操作的主要技术？

第 5 章 基本动画制作

Flash 动画利用人眼视觉上的"残留"特性,将一系列相关画面采用一定的速率进行播放,从而产生出运动的视觉效果。使用 Flash CS6 制作动画的方法有两种:一种是在帧中创建不同的画面,然后通过设置时间轴中的时间与画面之间的联系,使画面动起来;另一种是通过动作脚本的具体方法和技巧来实现。

学习目标

☑ 逐帧动画
☑ 传统补间动画
☑ 补间动画
☑ 补间形状动画

5.1 逐帧动画

逐帧动画是动画中最基本的类型,它是一个由若干个连续关键帧组成的动画序列。同传统的动画制作方法类似,它的制作原理是在连续的关键帧中分解动画,即每一帧中的内容不同,使其连续播放而成动画。

在制作逐帧动画的过程中,需要动手制作每一个关键帧中的内容,因此工作量极大,并且要求制作者有比较强的逻辑思维和一定的绘图功底。虽然如此,逐帧动画的优势还是十分明显的,具有非常大的灵活性,适合表现一些细腻的动画,如 3D 效果、面部表情、走路、转身等,其缺点是动画文件较大。

5.1.1 外部导入方式与创建逐帧动画

外部导入方式是创建逐帧动画最为常用的方法,可以将其他应用程序中创建的动画文件或者图形图像序列导入到 Flash 软件中。在导入时,如果导入的图像是一个序列中的一部分,那么 Flash 会询问用户是否将所有一个序列图像全部导入,如图 5-1 所示。

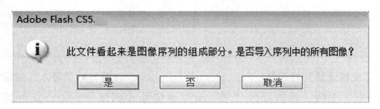

图 5-1 信息提示框

(1) 是 单击该按钮,将序列中所有图像全部导入,导入的同时图像以逐帧动画的方式排列，并且每张图像在舞台中的位置相同。

（2）　否　　只导入当前的图像。

（3）　取消　　取消当前的导入操作。

下面通过实例"开心一笑"动画来学习通过外部导入方式创建逐帧动画的具体操作，并且通过"时间轴"面板中的各个绘图纸工具对多个关键帧中的对象进行位置的重新调整，其最终动画效果如图 5-2 所示。

图 5-2　"开心一笑"最终的动画效果

制作"开心一笑"动画效果步骤如下。

1）启动 Flash CS6，创建一个空白的 Flash 文档。

2）在工作区域中单击鼠标右键，在弹出的菜单中选择【文档属性】命令，在弹出的"文档设置"对话框中设置"宽"和"高"均为 250 像素，帧频为"12"，背景颜色为默认白色，如图 5-3 所示。

3）单击"确定"按钮，完成对文档属性的各项设置，此时舞台的宽度变为 250 像素，高度为 250 像素。

4）单击菜单栏【文件】/【导入】/【导入到舞台】命令，在弹出的"导入"对话框中选择本书教学资源包中"第五章/素材"目录下"笑.gif"图像文件，如图 5-4 所示。

图 5-3　"文档设置"对话框

图 5-4　"导入"对话框

5）单击"打开"按钮，将选择的"笑.gif"图像导入到舞台当中，其中每张图像在舞台中的位置相同，并且每一个图像自动生成一个关键帧，依次排列，同时存放在"库"面板中，如图 5-5 所示。

图 5-5　导入 "笑.gif" 图像后的效果

　　到此完成导入 "笑.gif" 图像的操作。此时可以看到，导入后的人物位于舞台左上角的位置处，接下来便通过各个绘图纸工具对导入图像进行位置的重新调整。

　　6）单击 "时间轴" 面板下方的 "修改绘图纸标记" 按钮，在弹出的下拉列表中选择 "始终显示标记" 选项，显示绘图纸外观的两个灰色标记，如图 5-6 所示。

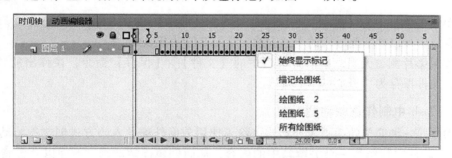

图 5-6　选择 "始终显示标记" 选项后显示的两个标记

　　7）单击 "时间轴" 面板下方的 "修改绘图纸标记" 按钮，在弹出的下拉列表中选择 "所有绘图纸" 选项，从而将当前帧两侧的帧全部显示，如图 5-7 所示。

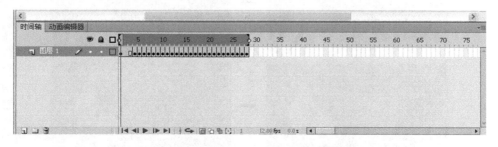

图 5-7　选择 "所有绘图纸" 选项后将所有帧全部显示

8）单击"时间轴"面板中"编辑多个帧"按钮，则此时的舞台可以显示出"时间轴"面板中所有关键帧的内容。

9）单击菜单栏中的【编辑】/【全选】命令，从而将所有的对象全部选择，然后使用"选择"工具将选择后的所有帧的对象移动到舞台居中的位置上，如图 5-8 所示。

图 5-8　导入并调整位置后的图像效果

10）单击菜单栏中的【控制】/【测试影片】/【测试】命令，对影片进行测试，在弹出的影片测试窗口中可以观察到导入的卡通人物咧嘴搞笑的动画效果。

11）如果影片测试无误，单击菜单栏中的【文件】/【保存】命令，在弹出的"另存为"对话框中将文件保存为"开心一笑.fla"。

5.1.2　在 Flash 中制作逐帧动画

逐帧动画是一种简单的动画表现形式，除了使用前面外部导入的方式创建逐帧动画外，还可以在 Flash 软件中制作每一个关键帧中的内容，从而创建逐帧动画。下面以"鼎智翔网络科技"动画为例学习在 Flash 中制作逐帧动画的具体操作，如图 5-9 所示。

图 5-9　"鼎智翔网络科技"逐帧动画效果

制作"鼎智翔网络科技"动画步骤下。

1）单击菜单栏中的【文件】／【打开】命令，打开本书教学资源包中素材＼第五章目录下的"鼎智翔网络科技.fla"文件，如图 5-10 所示。

图 5-10　打开的"鼎智翔网络科技.fla"文件

打开"鼎智祥网络科技.fla"文件后，首先按"Ctrl + Enter"组合键对其进行影片测试，可以看到在一个世界地图的蓝色背景中，一个职场人物走路的动画效果，而左下角处的文字没有任何动画。接下来为左下角的"不断创新，走向世界"文字制作打字效果。

2）选择左下角的"不断创新，走向世界"文字，单击菜单栏中的【修改】／【分离】命令，将其分离为一个个独立的文本框，如图 5-11 所示。

图 5-11　分离后的文字显示

3）选择"说明文字"图层第 2 帧，按"F6"键，在该帧插入一个关键帧，然后选择舞台中的"界"文字，按"Delete"键将其删除。第 2 帧删除后的效果如图 5-12 所示。

图 5-12　第 2 帧删除后的效果

4）依次类推，分别在"说明文字"图层第 3 帧至第 10 帧处创建关键帧，然后依次在舞台中对创建关键帧的文字进行删除操作，如图 5-13 所示。

注意：在删除第 10 帧时，也就是在删除最后一帧时，舞台中的文字为全部删除状态。

5）按"Shift"键的同时，选择"说明文字"图层第 1 帧至第 10 帧的全部关键帧，然后单击菜单栏中的【修改】／【时间轴】／【翻转帧】命令，将选择的各帧进行翻转。

6）在"时间轴"面板中分别选择"说明文字"图层第 1 帧至第 10 帧，然后依次按"F5"键两次，在该帧后插入两个普通帧，从而解决文字出现频率太快的不足。

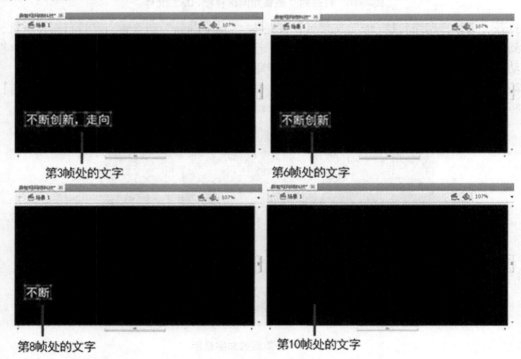

图 5-13　依次删除部分帧文字的效果

7）在"时间轴"面板中单击"背景"图层第 50 帧，将其选择，然后按"Shift"键的同时单击右上方的"欢迎文字"图层第 50 帧，将所有图层的第 50 帧全部选择，然后按"F5"键，在该帧处插入普通帧，从而设置动画的播放时间为 50 帧，如图 5-14 所示。

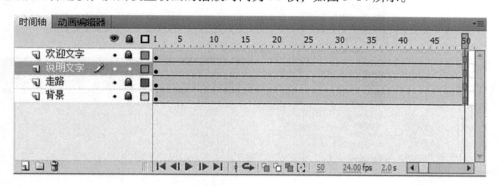

图 5-14　设置动画的播放时间为 50 帧

8）单击菜单栏中的【控制】／【测试影片】／【测试】命令，对影片进行测试。在弹出的影片测试窗口中可以观察到在原来的动画基础上又加入了"不断创新，走向世界"文字的打字动画效果。

至此，该动画制作完成，单击菜单栏中的【文件】／【保存】命令，将文件保存。

5.2　传统补间动画

传统补间动画是 Flash 中较为常见的基础动画类型，使用它可以制作出对象的位移、变形、旋转、透明度、滤镜以及色彩变化等一系列的动画效果。

与前面介绍的逐帧动画不同，使用传统补间创建动画时，只要将两个关键帧中的对象制作出来即可。两个关键帧之间的过渡帧由 Flash 自动创建，并且只有关键帧是可以进行编辑的，而各个过滤帧虽然可以查看，但不能直接进行编辑。除此之外，在制作传统补间动画时还需要满足以下条件：

1）在一个传统补间动画中至少要有两个关键帧。

2）这两个关键帧中的对象必须是同一个对象。

3）这两个关键帧中的对象必须有一些变化，否则制作的动画将没有动作变化的效果。

5.2.1　创建传统补间动画

传统补间动画创建方法有两种：可以通过鼠标右键菜单，也可以通过菜单命令来创建。两者相比，前者更方便快捷，比较常用。

1. 通过鼠标右键菜单创建传统的补间动画

首先在"时间轴"面板中选择同一图层的两个关键帧之间的任意一帧，然后单击鼠标右键，在弹出的菜单中选择【创建传统补间】命令，这样就在两个关键帧间创建出传统补间动画。创建的传统补间动画以带有黑色箭头和蓝色背景的起始关键帧处的黑色圆点表示。创建传统补间动画界面如图 5-15 所示。

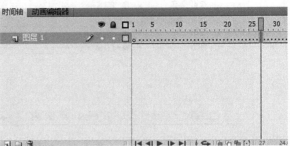

图 5-15　创建传统补间动画界面

注意：如果创建后的传统补间动画以一条蓝色背景的虚线段表示，说明传统补间动画没有创建成功，两个关键帧中的对象可能没有满足创建动画的条件。

通过鼠标右键菜单除了可以创建传统补间动画外，还可以取消已经创建好的传统补间动画。首先选择已经创建传统补间动画的两个关键帧之间的任意一帧，然后单击鼠标右键，在弹出的菜单中选择"删除补间"命令，就可以将已经创建的传统补间动画删除，如图5-16所示。

2. 使用菜单命令创建传统补间动画

在使用菜单命令创建传统补间动画的过程中，同样需要将同一图层两个关键帧之间的任意一帧选择，然后单击菜单栏中的【插入】/【传统补间】命令，就可以在两个关键帧之间创建传统补间动画。如果想取消已经创建好的传统补间动画，则可以选择已经创建传统补间动画两个关键帧之间的任意一帧，然后单击菜单栏中的【插入】/【删除补间】命令，即可以将已经创建的传统补间动画删除。

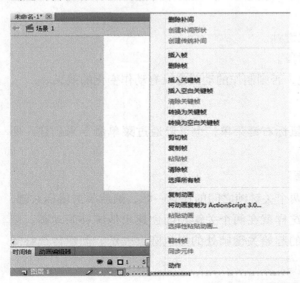

图 5-16　删除传统补间动画界面

5.2.2　传统补间动画属性设置

无论使用前面介绍的哪种方法创建传统补间动画，都可以通过"属性"面板进行动画的各项设置，从而使其更符合动画需要。首先选择已经创建传统补间动画的两个关键帧之间的任意一帧，然后展开"属性"面板，在其下的"补间"选项中设置动画的运动速度、旋转方向与旋转次数等。

（1）缓动　默认情况下，过渡帧之间的变化速率是不变的，在此可以通过"缓动"选项逐渐调整变化速率，从而创建更为自然地由慢到快的加速或先快后慢的减速效果，默认数值为 0，取值范围为 $-100 \sim +100$，负值为加速动画，正值为减速动画。

（2）缓动编辑　单击"缓动"选项右侧的按钮，在弹出的"自定义缓入/缓出"对话框中可以设置过渡帧更为复杂的速度变化。其中帧由水平轴表示，变化的百分比由垂直轴表示，第一个关键帧表示为 0，最后一个关键帧表示为 100%，对象的变化速率用曲线图的曲线斜率表示，曲线水平时（无斜率），变化速率为零；曲线垂直时，变化速率最大，一瞬间完成变化。

1）属性：取消"为所有属性使用一种设置"的勾选时该选项才可用，单击该处，弹出 5 个属性列表，分别为"位置""旋转""缩放""颜色"和"滤镜"，每个属性都会有一条独立的速率曲线。

2）为所有属性使用一种设置：默认时该选项处于勾选状态，表示所显示的曲线适用于所有属性，并且其左侧的"属性"选项为灰色不可用状态。取消该选项的勾选，在左侧的"属性"选项中可以设置每个属性都有定义其变化速率的单独曲线。

3）速率曲线：用于显示对象的变化速率，在速率曲线处单击，即可添加一个控制点。通过按住鼠标拖曳，可以对所选的控制点进行位置调整，并显示两侧的控制手柄，可以使用鼠标拖动控制点或其控制手柄，也可以使用小键盘中的箭头键确定位置，再次按"Delete"键，可将所选的控制点删除。

4）停止：单击该按钮，停止舞台上的动画预览。

5）播放：单击该按钮，以当前定义好的速率曲线预览舞台上的动画。

6）重置：单击该按钮，可以将当前的速率曲线重置成默认的线性状态。

7）旋转：用于设置对象旋转的动画，单击右侧的自动按钮，可弹出下拉列表，当选择"顺时针"和"逆时针"选项时，可以创建顺时针或逆时针旋转的动画。在下拉列表右侧还有一个参数设置，用于设置对象旋转的次数。

- 无：选择该项，不设定旋转。
- 自动：选择该项，可以在需要最少动作的方向上将对象选择一次。
- 顺时针：选择该项，将对象进行顺时针方向旋转，并且可以在右侧设置旋转次数。
- 逆时针：选择该项，将对象进行逆时针方向旋转，并且可以在右侧设置旋转次数。
- 贴紧：勾选该项，可以将对象紧贴到引导线上。
- 同步：勾选该项，可以使图形元件实例的动画和主时间轴同步。
- 调整到路径：制作运动引导线动画时，勾选该项，可以使动画对象沿着动画路径运动。
- 缩放：勾选该项，用于改变对象的大小。

5.3　实例指导——骑木马动画

使用传统补间动画可以创建出多种动画效果，包括对象位置的移动、对象的大小改变、对象色彩变化以及对象旋转等。在本节中将制作一个"骑木马"的动画效果，制作时要运用传统补间动画技巧，动画效果如图 5-17 所示。

图 5-17　"骑木马"动画效果

制作"骑木马"动画效果步骤如下。

1）单击菜单栏中的【文件】/【打卡】命令，打开教学资源包中的素材\第 5 章的"骑木马.fla"文件，如图 5-18 所示。

2）在"背景"图层上创建新层"木马"，然后导入教学资源包中的素材\第 5 章"木马.wmf"图形文件，做略微的放大操作，并调整到舞台如图 5-19 所示的位置处。

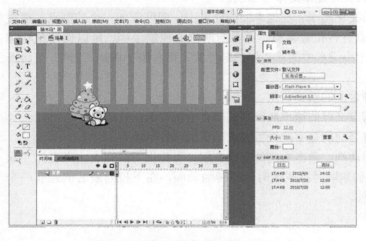

图 5-18　打开"骑木马.fla"文件　　　　图 5-19　导入的"木马.wmf"图形

3）选择导入的"木马.wmf"图形，然后单击菜单栏中的【修改】/【转换为元件】命令，在弹出的"转换为元件"对话框中设置"名称"为"木马动画"，其参数为默认设置，从而将其转换为"木马动画"影片剪辑元件，并将此元件存放在"库"面板中。

4）双击舞台中的"木马动画"影片剪辑元件，打开该元件编辑窗口，如图 5-20 所示。

5）再次选择"木马.wmf"图形，然后单击菜单栏中【修改】/【转换为元件】命令，将其转换为"木马"影片剪辑元件，并将此元件被存放在"库"面板中。

6）使用"任意变形"工具选择舞台中的"木马"影片剪辑元件，然后将该元件的中心点移动到变形框下方中间控制点的位置处，如图 5-21 所示。

图 5-20 "木马动画"影片剪辑元件编辑窗口

图 5-21 拖曳到中心点的位置

7）分别在"图层 1"的第 5 帧、第 15 帧和第 20 帧处插入关键帧。

8）选择"图层 1"第 5 帧处的"木马"影片剪辑元件，按"Ctrl + T"组合键，展开"变形"面板，设置其"旋转"为"4°"，如图 5-22 所示。

9）用同样方法，选择图层第 15 帧处的"木马"影片剪辑元件，在"变形"面板中设置其"旋转"为"−8°"，如图 5-23 所示。

图 5-22 第 5 帧处旋转 4°的效果

图 5-23 第 15 帧处旋转 −8°的效果

10）在"时间轴"面板中分别选择"图层 1"第 1 帧与第 5 帧、第 5 帧与第 15 帧、第 15 帧与第 20 帧间的任意一帧，依次单击鼠标右键，在弹出的菜单中选择【创建传统补间】命令，从而创建出传统补间动画，如图 5-24 所示。

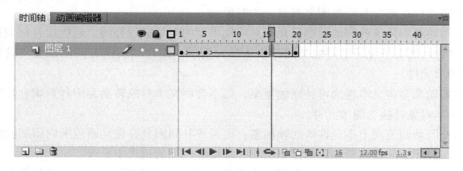

图 5-24 传统补间动画"时间轴"面板

11）在"时间轴"面板中选择"图层 1"第 1 帧与第 5 帧间的任意一帧，在"属性"面板中，设置"缓动"为"100"，从而为"木马"影片剪辑元件添加了减速的旋转动画效果，如图 5-25 所示。

12）同样的方法，在"时间轴"面板中选择"图层 1"第 15 帧与第 20 帧间的任意一帧，在"属性"面板中，设置"缓动"为"－100"，从而为"木马"影片剪辑元件添加加速旋转的动画效果。

13）单击"场景 1"按钮，将当前编辑窗口切换到场景的编辑窗口中，到此动画制作完成。单击菜单栏中的【控制】／【测试影片】／【测试】命令，对动画影片进行测试。在弹出的影片测试窗口中可以看到一个卡通温馨的场景，即木马左右旋转摆动的动画效果。

图 5-25　"属性"面板中设置减速旋转动画效果

14）如果动画影片测试无误，单击菜单栏中的【文件】／【保存】命令，将文件进行保存。

5.4　补间动画

与前面学习的传统补间动画相比，补间动画是一种基于对象的动画，不再是作用于关键帧，而是作用于动画元件本身，从而使 Flash 的动画制作更加专业。作为一种全新的动画类型，补间动画功能强大且易于创建，不仅可以大大简化 Flash 动画的制作过程，而且还提供了更大程度的控制功能。

5.4.1　补间动画与传统补间动画的区别

Flash 软件支持两种不同类型的补间动画：一种是前面学习的传统补间动画；而另一种就是补间动画，通过它可以对补间的动画进行最大程度的控制，与前面学习的传统补间相比，二者存在很大的差别。

1）传统补间动画是基于关键帧的动画，通过两个关键帧中两个对象的变化创建动画效果，其中关键帧是显示对象元件的帧；而补间动画则是基于对象的动画，整个补间范围只有一个动画对象，动画中使用的是属性关键帧而不是关键帧。

2）补间动画在整个补间范围上只有一个对象。

3）补间动画和传统补间动画都只允许对特别类型的对象进行补间，若应用补间动画，则在创建动画时会将所有不允许的对象类型转换为影片剪辑；而应用传统补间动画会将这些对象类型转换为图形元件。

4）补间动画会将文本视为可补间的类型，而不会将文本对象转换为影片剪辑；传统补间动画则会将文本对象转换为图形元件。

5）在补间动画范围上不允许添加帧标签；而传统补间则允许在动画范围内添加帧标签。

6）补间目标上的任何对象脚本都无法在补间动画范围的过程中更改。

7）在时间轴中可以将补间动画范围视为单个对象进行拉伸和调整大小，而传统补间动画可以对补间范围的局部或整体进行调整。

8）如果要在补间动画范围中选择单个帧，就必须按"Ctrl"键单击该帧；而在传统补间动画中选择单帧只需要单击即可。

9）对于传统补间动画，缓动可应用于补间内关键帧之间的帧；对于补间动画，缓动可应用于补间动画范围的整个长度，如果仅对补间动画的特定帧应用缓动技术，则需要创建自定义缓动曲线。

10）利用传统补间动画可以在两种不同的色彩效果（如色调和 Alpha 透明度）之间创建动画；而补间动画可以对每个补间应用一种色彩效果，可以通过在"动画编辑器"面板的"色彩效果"属性中单击"添加色彩、滤镜或缓动"按钮精心选择各种色彩效果。

11）只可以使用补间动画来为 3D 对象创建补间动画效果；无法使用传统补间动画为 3D 对象创建动画效果。

12）只有补间动画才能保存为动画预设。

13）对于补间动画中属性关键帧无法像传统补间动画那样对动画中单个关键帧的对象应用交换元件的操作，而是将整体动画应用于交换的元件；补间动画也不能在"属性"面板的"循环"选项下设置图形元件的"单帧"数。

5.4.2　创建补间动画

同前面学习的传统补间动画一样，补间动画对于创建对象的类型也有所限制，只能应用于元件的实例和文本字段，并且要求同一图层中只能选择一个对象，如果选择同一图层多个对象，将会弹出一个用于提示是否将选择的多个对象转换为元件的提示框，如图 5-26 所示。

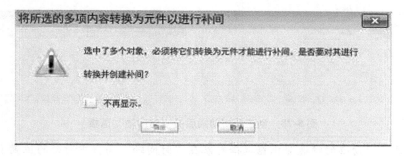

图 5-26　弹出的提示框

在进行补间动画的创建时，对象所处的图层类型可以是系统默认的常规图层，也可以是比较特殊的引导层、遮罩层或被遮罩层。创建补间动画后，如果原图层是常规系统默认图层，那么它将成为补间图层；如果是引导层、遮罩层或被遮罩层，它将成为补间引导、补间遮罩或补间被遮罩图层，如图 5-27 所示。

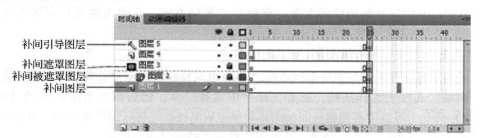

图 5-27　创建补间动画后的各图层

　　在 Flash 中创建补间动画的操作方法也有两种，可以通过鼠标右键菜单，也可以通过菜单命令，两者相比，前者更方便快捷，比较常用。

　　1. 通过鼠标右键菜单创建补间动画

　　通过鼠标右键菜单创建补间动画有两种方法，这是由于创建补间动画的鼠标右键菜单有两种弹出方式。首先在"时间轴"面板中选择某帧，或者在舞台中选择对象，然后单击鼠标右键，都会弹出右键菜单，选择其中的【创建补间动画】命令，都可以为其创建补间动画，如图 5-28 所示。

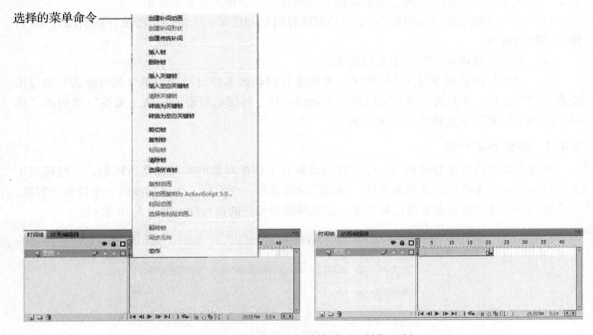

图 5-28　创建补间动画后的"时间轴"面板

　　注意：创建补间动画的帧速会根据选择对象在"时间轴"面板中所处的位置不同而不同。

　　如果选择的对象是处在"时间轴"面板的第一帧中，那么补充范围的长度等于"帧频 × 1s"。例如：当前文档的"帧频"为 24 帧/s，那么在"时间轴"面板中创建补间动画的范围长度也是 24 帧；而如果当前"帧频"小于 5 帧/s，则创建的补间动画范围长度将为 5 帧；如果选择对象存在于多个连续的帧中，则补间范围将包含该对象占用的帧数。

　　如果想删除创建的补间动画，可以在"时间轴"面板中选择已经创建补间动画的帧，或者在舞台中选择已经创建补间动画的对象，然后单击鼠标右键，在弹出的鼠标右键菜单中选择【删除补间】命令，就可以将已经创建的补间动画删除。

　　2. 使用菜单命令创建补间动画

　　除了使用鼠标右键菜单创建补间动画外，Flash 也同样提供了创建补间动画的菜单命令，首先在"时间轴"面板中选择某帧，或者在舞台中选择对象，然后单击菜单栏中的【插入】/【补间动画】命令，可以为其创建补间动画；如果想取消已经创建好的补间动画，可以单击菜单栏中的【插入】/【删除补间】命令，从而将已经创建的补间动画删除。

5.4.3　在舞台中编辑属性关键帧

在 Flash 中，"关键帧"和"属性关键帧"性质不同，其中"关键帧"是指在"时间轴"面板中舞台上实实在在的动画对象所处的动画帧，而"属性关键帧"则是指在补间动画的特定时间或帧中为对象定义的属性值。

创建补间动画后，如果要在补间动画范围中插入属性关键帧，则可以在插入属性关键帧的位置单击鼠标右键，选择弹出菜单中的"插入关键帧"其下的相关命令即可进行添加，共有 6 种属性，分别是"位置""缩放""倾斜""旋转""颜色"和"滤镜"，如图 5-29 所示。

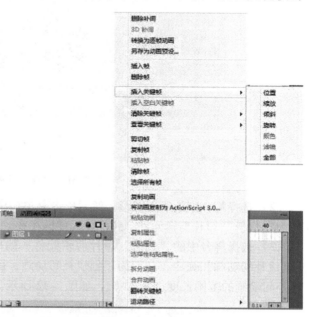

在舞台中可以通过"变形"面板或"工具"面板中的各种工具进行属性关键帧的各项编辑，包括位置、大小、旋转、倾斜等。如果补间对象在补间过程中更改舞台位置，那么在舞台中将显示补间对象在舞台上移动时所经过的路径，此时可以通过"工具"面板中的"选择"工具、"部分选取"工具、"转换锚点"工具、"任意变形"工具和"变形"面板等编辑补间的运动路径。下面通过"快艇"实例，来学习在舞台中编辑属性关键帧的具体操作方法，效果如图5-30所示。

图 5-29　插入属性关键帧

图 5-30　"快艇"动画效果

在舞台中编辑属性关键帧步骤如下。

1）单击菜单栏中的【文件】／【打开】命令，打开教学资源包中的素材 \ 第 5 章中的"快艇.fla"文件，如图 5-31 所示。

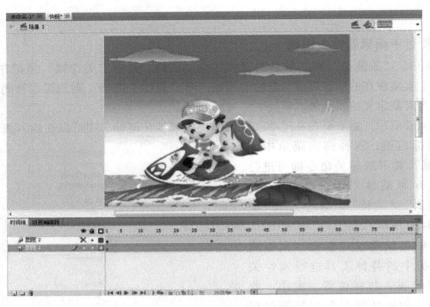

图 5-31　打开"快艇.fla"文件

2）选择舞台中的卡通图形，然后单击菜单栏中的【修改】/【转换为元件】命令，将其转换为"快艇"影片剪辑元件，并将此元件保存在"库"面板中。

3）选择舞台中的"快艇"影片剪辑元件，然后单击鼠标右键，在弹出的右键菜单中选择【创建补间动画】命令，从而为其创建补间动画，由于当前文档的"帧频"为 24 帧/s，因此创建补间动画的范围长度也是 24 帧，如图 5-32 所示。

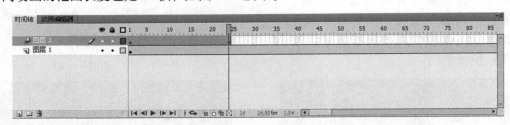

图 5-32　创建补间动画后"时间轴"的显示

4）选择"图层 2"第 90 帧，然后按"F5"键，在该帧处插入一个普通帧。

5）在"时间轴"面板中按"Ctrl"键分别单击"图层 2"第 30 帧、第 90 帧，将这两帧选择，然后单击鼠标右键，在弹出的菜单中选择【插入关键帧】/【全部】命令，依次在第 30 帧和第 90 帧处插入属性关键帧，如图 5-33 所示。

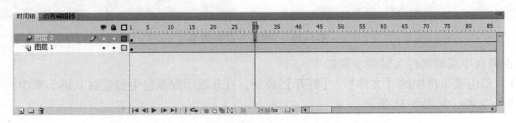

图 5-33　插入属性关键帧后"时间轴"面板

6）确认"时间轴"面板播放头处于第 1 帧处，选择舞台中的"快艇"影片剪辑元件，然后在"变形"面板中设置缩放比例为"20%"，并将其调整到舞台右侧，如图 5-34 所示位置处，在舞台中将显示一条运动路径，其中每一个蓝色控制点对应"时间轴"面板的一帧。

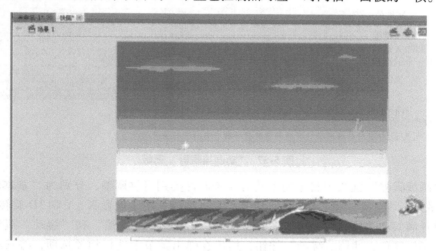

图 5-34　调整后的实际效果

7）确认"时间轴"面板播放头处于第 90 帧处，选择舞台中的"快艇"影片剪辑元件，并将其调整到舞台右侧，如图 5-35 所示。

8）确认"时间轴"面板播放头处于第 30 帧处，选择舞台中的"快艇"影片剪辑元件，并将其调整到舞台的海浪略向上的位置处，如图 5-36 所示。

图 5-35　第 90 帧处的属性关键帧　　　　　　　图 5-36　第 30 帧处的属性关键帧

9）至此动画制作完成，单击菜单栏中的【控制】/【测试影片】/【测试】命令，对影片进行测试。在弹出的影片测试窗口中可以看到在一片汪洋大海中，两个可爱的卡通人物坐在快艇中由远到近、由小到大的冲浪动画。

10）如果影片测试无误，单击菜单栏中的【文件】/【保存】命令，将文件进行保存。

5.4.4　使用动画编辑器调整补间动画

在 Flash 软件中除了上述方法调整补间动画外，还可以通过动画编辑器查看所有补间属性和属性关键帧，从而对补间动画进行全面细致控制。在"时间轴"面板中选择已经创建的补间范围，或者选择舞台中已经创建补间动画的对象后，单击菜单栏中的【窗口】/【动画编辑器】命令，弹出一个"动画编辑器"面板，如图 5-37 所示。

重置值   曲线图

属性值

转到上一个关键帧
添加或删除关键帧
转到下一个关键帧

图形大小
扩展图形的大小
可查看的帧

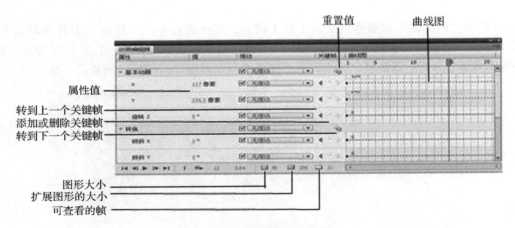

图 5-37 "动画编辑器"面板

在"动画编辑器"面板中自上向下共有 5 个属性类别可供调整，分别为"基本动画""转换""色彩效果""滤镜"和"缓动"，其中"基本动画"用于设置 X、Y 和 3D 旋转属性；"转换"用于设置倾斜和缩放属性；而如果要设置"色彩效果""滤镜"和"缓动"属性，则必须首先单击"添加颜色、滤镜或缓动"按钮，然后在弹出菜单中选择相关选项，将其添加到列表中才能进行设置。

通过"动画编辑器"面板不仅可以添加并设置各属性关键帧，还可以在右侧的"曲线图"中使用贝塞尔控件对大多数单个属性的补间曲线形状进行微调，并且允许创建自定义缓动曲线等。下面通过一个简单实例"Flash Banner"来学习在"动画编辑器"面板设置各属性的具体操作，其最终效果如图 5-38 所示。

使用动画编辑器调整补间动画步骤如下。

1）单击菜单栏中的【文件】/【打开】命令，打开教学资源包素材 \ 第五章 \ Flash

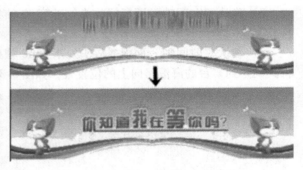

图 5-38 "Flsh Banner"动画效果

Banner.fla"文件，如图 5-39 所示，其中的描边文字已经被转换成了元件。

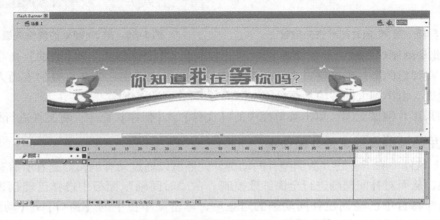

图 5-39 打开的"Flash Banner.fla"文件

　　2）选择舞台中的"描边文字"，单击鼠标右键，在弹出的右键菜单中选择【创建补间动画】命令，从而为其创建补间动画。创建补间动画后的"时间轴"面板如图 5-40 所示。

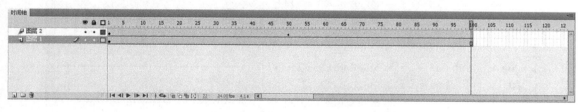

图 5-40　创建补间动画后的"时间轴"面板

　　3）在"时间轴"面板中选择已经创建的补间范围，然后单击菜单栏中的【窗口】／【动画编辑器】命令，即可弹出"动画编辑器"面板。

　　4）在"动画编辑器"面板最下方的"缓动"属性类型处单击"添加颜色、过滤或缓动"按钮，可弹出一个用于编辑预设缓动的下拉列表，选择其中的"简单（最快）"选项，从而将其添加到下方的缓动列表中，如图 5-41 所示。

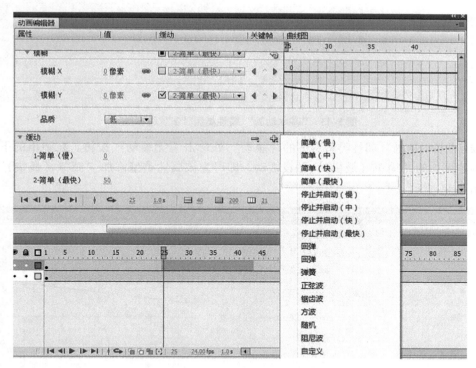

图 5-41　添加"简单（最快）"预设缓动

　　5）为了便于操作，在"动画编辑器"面板最下方的"可查看的帧"处设置参数为"100"，这时在右侧的"曲线图"中将显示创建补间的所有帧数，即 100 帧。

　　6）在"基本动画"属性类型下的"X"轴相对应的右侧曲线段第 50 帧处单击鼠标右键，在弹出的菜单中选择【插入关键帧】命令，从而在第 50 帧处添加一个属性关键帧，如图5-42所示。

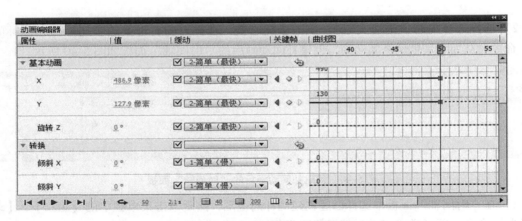

图 5-42　在第 50 帧处添加属性关键帧

7）在"曲线图"中将播放头拖到第 1 帧处，然后调整该帧处的"Y"轴数值为"-50"像素，如图 5-43 所示。

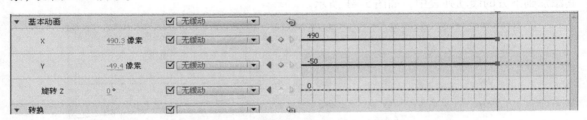

图 5-43　"基本动画"属性类型"Y"轴参数

8）在"基本动画"属性类型右侧的"缓动"处单击"无缓动"按钮。在弹出的下拉列表中选择刚才添加的"简单（最快）"预设缓动，即可为该属性类型添加"简单（最快）"缓动，效果如图 5-44 所示。

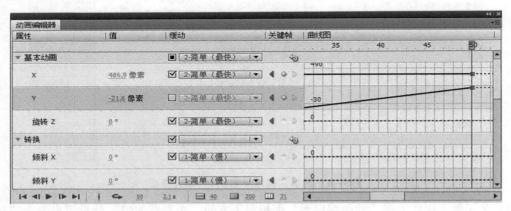

图 5-44　添加"简单（最快）"预设缓动

注意：通过"动画编辑器"面板完成了"基本动画"属性类型中"Y"轴的补间动画的位置、缓动等编辑。

9）在"色彩效果"属性类型中，单击右侧的"添加颜色、滤镜或缓动"按钮，在弹出的菜单中选择"Alpha"，此时在下方将显示"Alpha"颜色效果的相关设置，如图 5-45 所示。

图 5-45　添加的 "Alpha" 颜色效果

10）在 "Alpha" 颜色效果右侧的 "曲线图" 中的第 50 帧处添加一个属性关键帧，然后单击 "转到上一个关键帧" 按钮，选择 "曲线图" 第 1 帧，并设置 "Alpha" 的参数为 "0%"，同样为属性类型添加 "简单（最快）" 缓动，如图 5-46 所示。

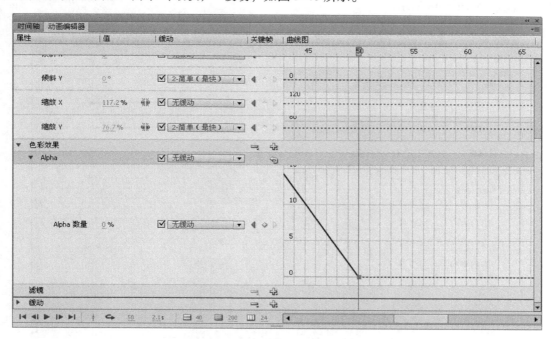

图 5-46　调整后的 "Alpha" 参数

注意：至此，通过 "动画编辑器" 面板完成了 "色彩效果" 属性类型中 "Alpha" 的补间动画的淡入编辑。

11）在 "滤镜" 属性类型中，单击右侧的 "添加颜色、滤镜或缓动" 按钮，在弹出的菜单中选择 "模糊" 命令，此时在下方将显示 "模糊" 滤镜的相关设置，在其中设置 "模糊 X" 为 "0" 像素，"模糊 Y" 为 "50" 像素，如图 5-47 所示。

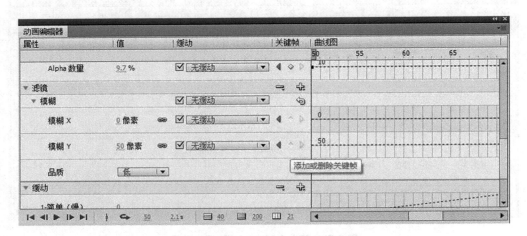

图 5-47 调整后的 "模糊" 滤镜参数

12）在 "模糊" 路径右侧的 "曲线图" 中的第 50 帧处添加一个属性关键帧，然后选择 "曲线图" 第 50 帧，设置 "模糊 Y" 的参数值为 "0" 像素，同样为属性类型添加 "简单（最快）" 缓动，如图 5-48 所示。

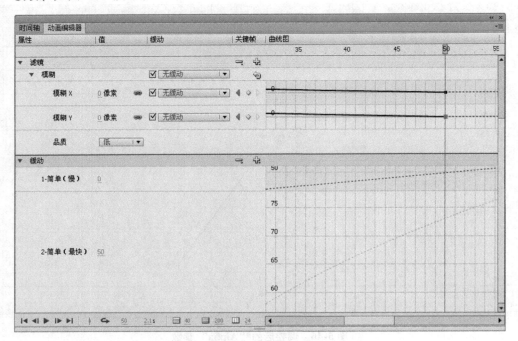

图 5-48 调整后的 "模糊" 滤镜效果

13）通过 "动画编辑器" 面板进行了补间动画的各个属性的调整。关闭 "动画编辑器" 面板，此时调整补间动画后的显示如图 5-49 所示。

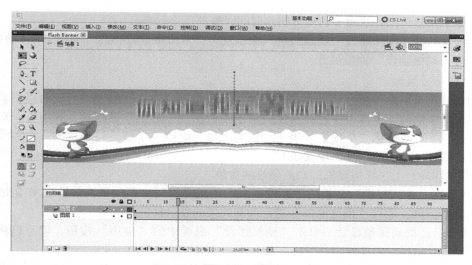

图 5-49　调整补间动画后的显示

14）动画制作完成，单击菜单栏中的【控制】/【测试影片】/【测试】命令，对影片进行测试。在弹出的影片测试窗口中可以看到描边的文字由上向下淡入的动画效果。

15）如果影片测试无误，单击菜单栏中的【文件】/【保存】命令，将文件进行保存。

5.4.5　在"属性"面板中编辑属性关键帧

除了可以使用前面介绍的方法编辑各属性关键帧外，通过"属性"面板也可以进行一些编辑操作。首先在"时间轴"面板中将播放头拖到某帧处，然后选择已经创建好的补间范围，展开"属性"面板，此时可以显示"补间动画"的相关设置，如图 5-50 所示。

（1）缓动　用于设置补间动画的变化速率，可以在右侧直接输入数值进行设置。

（2）旋转　用于设置补间动画的对象旋转，以及旋转次数、角度和方向。

1）对象旋转：与前面学习的传统补间动画中的"旋转"参数设置不同，在此可以设置属性关键帧旋转的程度等于前面设置的"旋转次数"和后面的"其他旋转"的相加总和。

2）方向：单击右侧的"无"按钮，在弹出的下拉列表中用于设置旋转的方向，有"无""顺时针"和"逆时针"三个选项。

（3）路径　如果在当前选择的补间范围中补间对象已经更改了舞台位置，即可以在此设置补间运动路径的位置及大小。其中 X 和 Y 分别代表"属性"面板第一帧处属性关键帧的 X 轴和 Y 轴位置；宽度和高度用于设置运动路径的宽度和高度。

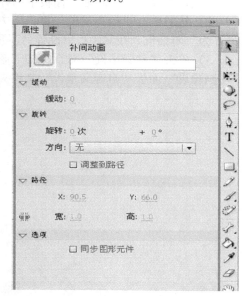

图 5-50　"属性"面板的相关设置

5.4.6　动画预设

在 Flash 中动画预设提供了预先设置好的一些补间动画，可以直接将它们应用于舞台对象，当然也可以将自己制作好的一些比较常用的补间动画保存为自定义预设，以备与他人共享或者在以后工作中直接调用，从而节省动画制作时间，提高工作效率。

动画预设的分享操作通过"动画预设"面板进行。单击菜单栏中的【窗口】/【动画预设】命令，可将"动画预设"面板展开。

1. 应用动画预设

应用动画预设的操作通过单击"动画预设"面板中的"应用"按钮进行，可以将动画预设应用于一个选定的帧，也可以将动画预设应用于不同图层上的多个选定帧，其中每个对象只能应用一个预设，如果将第二个预设应用于相同的对象，则第二个预设将替换第一个预设。应用动画预设的操作非常简单，具体步骤如下。

1）首先在舞台上选择需要添加动画预设的对象。

2）然后在"动画预设"面板的"预设列表"中选择需要应用的预设。Flash 随附的每个动画预设都包括预览，通过"预览窗口"进行动画效果的显示预览。

3）选择合适的动画预设后，单击"动画预设"面板中的"应用"按钮，就可以将选择的预设应用到舞台选择的对象中。

在应用动画预设时需要注意，在"动画预设"面板的"预设列表"中的各 3D 动画的动画预设只能应用于影片剪辑元件，而不能应用于图形或按钮元件，也不适用于文本字段，因此如果想要对选择对象应用各 3D 动画的动画预设，需要将其转换为影片剪辑元件。

2. 将补间动画另存为自定义动画预设

除了可以将 Flash 对象进行动画预设的应用外，Flash 还允许将已经创建好的补间动画另存为新的动画预设，这些新的动画预设存放在"动画预设"面板中"自定义预设"文件夹中。将补间动画另存为自定义动画预设的操作可以通过单击"动画预设"面板下方的"将选区另存为预设"按钮完成。具体操作如下。

1）首先设置"时间轴"面板中的补间范围，或者旋转舞台中应用了补间的对象。

2）然后单击"动画预设"面板下方的"将选区另存为预设"按钮，此时可弹出"将预设另存为"对话框，在其中可以设置另存预设的名称，如图 5-51 所示。

3）单击"动画预设"对话框的"确定"按钮，将选择的补间动画另存为预设，并存放在"动画预设"面板"自定义预设"文件夹中，如图 5-52 所示。

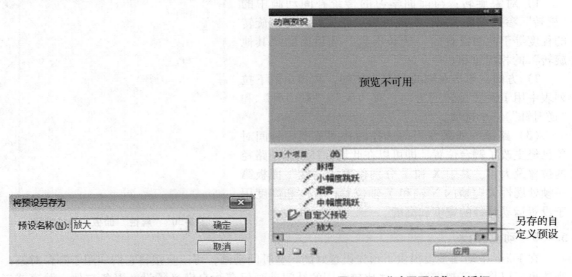

图 5-51 "将预设另存为"对话框　　　　　图 5-52 "动画预设"对话框

3. 创建自定义预设的预览

将选择补间动画另存为自定义动画预设后，对于细心的读者来说还会发现一个不足之处，那就是选择"动画预设"面板中已经另存的自定义动画预设后，在预览窗口中无法进行预览。如果自定义预设很多的话，这将会给操作带来极大不便，当然在 Flash 中也可以进行创建自定义预设，具体操作步骤如下。

1）首先创建补间动画，并将其另存为自定义预设。

2）然后创建一个包含补间动画的 FLA 文件，注意使用与自定义已设完全相同的名称将其保存为 FLA 格式文件，并通过"发布"命令将该 FLA 文件创建 SWF 文件。

3）将刚才创建的 SWF 文件放置在已保存的自定义动画预设 XML 文件所在的目录中。如果用户使用的是 Windows 系统，那么就可以放置在如下目录中 < 硬盘 > \Docunments and settings \\ Local Settings \Application Data \Adobe \Flash CS6 \Configuration \Motion Presets。

至此，完成选择自定义预设创建的预览操作。重新启动 Flash，这时选择"动画预设"面板"自定义预设"文件夹中的相对应的自定义预设后，在预览窗口中就可以进行预览。

5.5　补间形状动画

补间形状动画用于创建形状变化的动画效果，使动画由一个形状变成另一个形状，同时也可以设置图形形状位置、大小、颜色和变化。

补间形状动画的创建方法与传统补间动画类似，只要创建出两个关键帧中的对象，其他过渡帧便可以通过 Flash 自动制作出来，当然创建补间形状动画也需要如下条件：

1）在一个补间形状动画中至少要有两个关键帧。

2）这两个关键帧中的对象必须是可编辑的图形，如果是其他类型的对象，则必须将其转换为可编辑的图形。

3）这两个关键帧中的图形必须有一些变化，否则制作的动画将没有动的效果。

5.5.1　创建补间形状动画

当满足了以上条件后，就可以制作补间形状动画，与传统补间动画类似，创建补间形状动画也有两种方法，可以通过鼠标右键菜单，也可以通过标题栏菜单命令，两者相比，前者更方便快捷，比较常用。

1. 通过鼠标右键菜单创建补间形状动画

选择同一图层的两个关键帧之间的任意一帧，单击鼠标右键，在弹出的菜单中选择【创建补间形状】命令，这样就在两个关键帧间创建出补间形状动画。创建的补间形状动画以带有黑色箭头和淡绿色背景的起始关键帧处的黑色圆点表示，如图 5-53 所示。

注意：如果创建后的补间形状动画以一条绿色背景的虚线段表示，则说明补间形状动画没有创建成功，两个关键帧中的对象可能没有满足创建补间形状动画的条件。

如果想删除创建的补间形状动画，其方法与前面介绍的删除传统补间动画相同，选择已经创建的补间形状动画两个关键帧之间的任意一帧，单击鼠标右键，在弹出的菜单中选择【删除补间】命令，就可以将已经创建的补间形状动画删除。

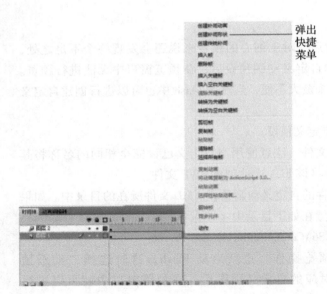

图 5-53　创建补间形状动画

2. 使用菜单命令创建补间形状动画

同前面制作传统补间动画相同，首先选择同一图层两个关键帧之间的任意一帧，然后单击菜单栏中的【插入】／【补间形状】命令，就可以在两个关键帧之间创建补间形状动画；如果想删除已经创建好的补间形状动画，则可以选择已经创建的补间形状动画两个关键帧之间的任意一帧，然后单击菜单栏中的【插入】／【删除补间】命令，即可将已经创建好的补间形状动画删除。

5.5.2　补间形状动画属性设置

补间形状动画的属性同样通过"属性"面板的"补间"选项进行设置。首先选择已经创建补间形状动画两个关键帧之间的任意一帧，然后展开"属性"面板，在"补间"选项中就可以设置动画的运动速度、混合等，如图5-54所示，其中"缓动"参数设置请参照前面介绍的传统补间动画。

图 5-54　补间形状动画的"属性"面板

混合共有两种选项："分布式"和"角形"。"分布式"选项创建的动画中间形状更为平滑和不规则；"角形"选项创建的动画中间形状会保留有明显的角和直线。

5.5.3　使用形状提示控制形状变化

在制作补间形状动画时，如果要控制复杂的形状变化，就会出现变化过程杂乱无章的情况，这时就可以使用 Flash 提供的形状提示，通过它可以为动画中的图形添加形状提示点，通过这些形状提示点可以指定图形如何变化，从而控制更加复杂的形状变化。下面通过"形状控制动画"

实例学习使用形状提示控制补间形状动画的方法。

使用形状提示控制形状变化步骤如下。

1）单击菜单栏中【文件】/【打开】命令，打开本书素材\第五章目录下的"形状提示控制.fla"文件，在该文件中包括两个关键帧，分别为四边形与心形，如图 5-55 所示。接下来制作两个图形的形状转变动画。

2）选择"图层 1"第 1 帧至第 20 帧间的任意一帧，然后单击鼠标右键，在弹出的菜单中选择【创建补间形状】命令，这样就在两个关键帧间创建出补间形状动画，如图 5-56 所示。

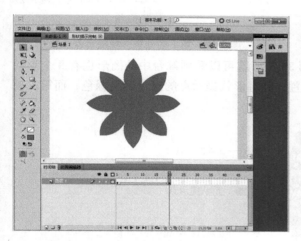

图 5-55　打开的"形状提示控制.fla"文件

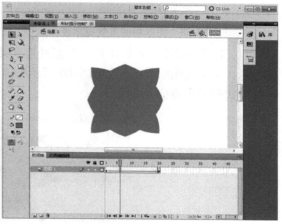

图 5-56　创建的补间形状动画

3）单击菜单栏中的【控制】/【测试影片】/【测试】命令，在弹出的影片测试窗口中可以看到形状变化的动画效果，如图 5-57 所示。

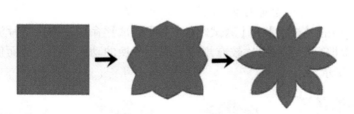

图 5-57　形状变化的动画效果

此时的动画是没有任何干预的情况下由 Flash 自动创建的动画效果，其动画效果有些杂乱。接下来使用添加形状提示点制作规律变换的动画效果。

4）关闭影片测试窗口，将"时间轴"面板播放指针拖到第 1 帧，然后单击菜单栏中的【修改】/【形状】/【添加形状提示】命令或按"Ctrl + Shift + H"组合键，在图形中出现一个红色形状提示点 a，如图 5-58 所示。

5）再次执行命令 7 次，在图形中依次出现红色的形状提示点 b、c、d、e、f、g 和 h，并按鼠标左键，将各形状提示点拖到如图 5-59 所示的位置。

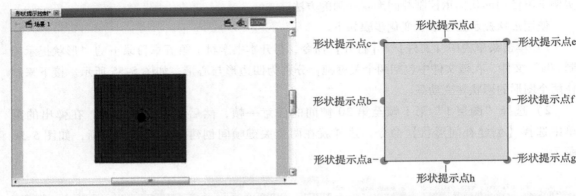

图 5-58　图形中的形状提示点 a　　　　　　图 5-59　第 1 帧处各形状提示点位置

6）在"时间轴"面板中将播放指针拖到第 20 帧，就可以看到舞台中的图形也有 8 个形状提示点。将形状提示点拖到如图 5-60 所示的位置，此时形状提示点的颜色变为绿色，而第 1 帧中的形状提示点将变为黄色。

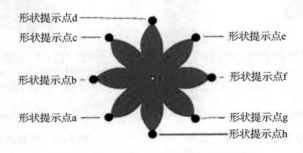

图 5-60　第 20 帧处各形状提示点的位置

注意：如果第 20 帧或第 1 帧中的形状提示点没有变绿或者变黄，则说明这个形状提示点没有在两个帧中对应起来，需要重新调整形状提示点的位置。

7）单击菜单栏中的【控制】/【测试影片】/【测试】命令，弹出影片测试窗口，在此窗口中可以看到图形根据自己的意愿比较有规律地进行变换的动画效果，从而使变形动画更加流畅自如，如图 5-61 所示。

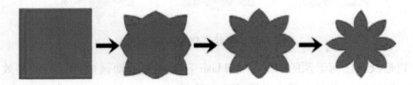

图 5-61　测试的动画效果

8）如果影片测试无误，则单击菜单栏中的【文件】/【保存】命令，将文件进行保存。

注意：在操作过程中，可能因为误操作，而使添加的形状提示点无法显示，这时可以单击菜单栏中的【视图】/【显示形状提示】命令，将其显示。如果添加了多余的形状提示点，则可以选中该点按鼠标左键将其拖到舞台外，从而将其删除。而单击菜单栏中的【修改】/【形状】/【删除所有提示】命令，又可以将添加的形状提示点全部删除。

5.6　综合实例——足球之夜

通过前面的学习，相信大家已经熟练掌握了 Flash 基本动画的制作方法，包括逐帧动画、传统补间动画、补间动画和形状补间动画等，接下来将前面所学内容加以综合应用，并运用一些操作技巧，制作一个"足球之夜"广告动画，其效果如图 5-62 所示。

图 5-62　"足球之夜"广告动画效果

制作"足球之夜"动画步骤提示如下。

1）创建一个空白的 Flash 文档，在"背景"图层中导入教学资源包 \ 第五章 \ 背景 . swf"图形文件，将其转换为"背景"的影片剪辑元件，并为其创建由白色逐渐过渡显示的色调变化的传统补间动画。

2）在"背景"图层之上创建"喝彩人群"图层，将导入教学资源包 \ 第五章 \ 目录下"喝彩人群 . swf"图形文件，转换其名称为"喝彩人生"的影片剪辑元件，并在该图层创建该实例由下向上淡入的传统补间动画；在"闪光"图层中创建出白色渐变图形由小到大的补间形状动画。

3）在"喝彩人群"图层之上创建"运动员"图层，将导入教学资源包 \ 第五章目录下的"运动员 . swf"图形文件转换为名称为"运动员"的影片剪辑元件，并为其创建由左向右飞入舞台的传统补间动画。在"运动员"图层之上创建新层"足球"，将导入教学资源包"第五章/素材"目录下的"足球 . swf"图形文件转换为名称为"足球"的影片剪辑元件，为其创建由小到大、由左向右旋转出现的补间动画。

4）在"足球"图层之上分别创建新层"文字 1"和"文字 2"，在舞台中输入黄色文字"激情足球之夜"和白色文字"共赏经典瞬间"，并为其添加黑色和红色的"发光"滤镜效果，并分别将其转换为"文字 1"和"文字 2"影片剪辑元件，并依次创建出"文字 1"和"文字 2"影片剪辑元件由下向上、由小到大慢慢淡出的传统补间动画。

至此，足球之夜广告动画全部制作完成，测试并保存 Flash 动画文件。制作"足球之夜"动画步骤提示示意图，如图 5-63 所示。

图5-63　制作"足球之夜"动画步骤提示示意图

制作"足球之夜"动画效果步骤如下。

1）启动 Flash CS6，创建一个空白的 Flash 文档。

2）在工作区域中单击鼠标右键，选择弹出菜单中的【文档属性】命令，在弹出的"文档设置"对话框中设置参数，如图5-64所示。

3）单击"确定"按钮，完成对文档属性的各项设置。

4）在"时间轴"面板中将"图层1"重新命名为"背景"，然后通过菜单栏【文件】/【导入】/【导入到舞台】命令，在弹出的"导入"对话框中双击教学资源包\素材\第五章\"背景.swf"图形文件，将其导入舞台中，并通过"信息"面板调整其大小及位置与舞台对等，如图5-65所示。

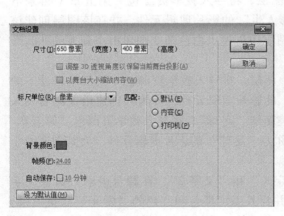

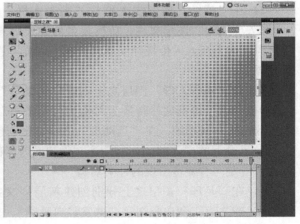

图5-64　"文档设置"对话框　　　**图5-65　导入并调整后的"背景.swf"图形元件**

5）选择调整后的"背景.swf"图形，将其转换为名称为"背景"的影片剪辑元件。

6）在"时间轴"面板的"背景"图层第10帧，按"F6"键，在该帧处插入关键帧，然后选择第1帧处的"背景"影片剪辑元件，在"属性"面板的"色彩效果"类别中设置"样式"

选项为"高级",然后设置"高级"选项中的相关参数。

7)在"时间轴"面板中选择"背景"图层第 1 帧至第 10 帧间的任意一帧,单击鼠标右键,选择弹出菜单中的【创建传统补间】命令,从而创建"背景"影片剪辑元件由白色逐渐过渡显示的色调变化的传统补间动画。

8)在"时间轴"面板中"背景"图层第 100 帧处插入普通帧,从而设置动画播放时间为 100 帧。

9)在"背景"图层之上创建新图层"喝彩人群"并在该层第 10 帧处插入关键帧,然后在该帧处导入教学资源包第五章 \ 素材目录下"喝彩人群 . swf"图形文件,调整到如图 5-66 所示指定位置处,并将其转换为名称为"喝彩人群"的影片剪辑元件。

10)分别在"喝彩人群"图层第 18 帧和第 20 帧处插入关键帧,然后选择第 10 帧处的"喝彩人群"影片剪辑元件,将其垂直向下移动到如图 5-67 所示的位置,并在"属性"面板的"色彩效果"类别中设置"样式"选项为"Alpha",其参数值为"0%"。

图 5-66 导入"喝彩人群 . swf"图形文件　　　图 5-67 调整位置后的"喝彩人群"影片剪辑元件

11)选择第 18 帧处的"喝彩人群"影片剪辑元件,然后在舞台中将其垂直向上移动一小段距离,如图 5-68 所示。

12)在"时间轴"面板中分别选择"喝彩人群"图层第 10 帧至第 18 帧、第 18 帧至第 20 帧间的任意一帧,然后依次单击菜单栏中的【插入】/【传统补间】命令,并设置第 10 帧至第 18 帧间的动画"缓动"为"100",从而创建出"喝彩人群"影片剪辑元件由下向上淡入的传统补间动画。

13)在"背景"图层之上创建新层"闪光",并在该层第 20 帧处插入关键帧,然后在该帧处创建一个如图 5-69 所示的白色渐变的图形,并将其转换为名称为"闪光"的影片剪辑元件。

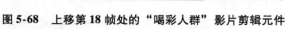

图 5-68 上移第 18 帧处的"喝彩人群"影片剪辑元件　　　图 5-69 绘制的白色渐变图形

14)在舞台中双击"闪光"的影片剪辑元件,进入该元件的编辑窗口,并在"图层 1"第 15 帧处插入关键帧,在第 40 帧处插入普通帧。

15）选择"图层 1"第 1 帧处白色渐变图形，然后将其进行等比例缩小，如图 5-70 所示。

图 5-70　将绘制的白色渐变图形等比例缩小

16）选择"图层 1"第 1 帧至第 15 帧间的任意一帧，单击鼠标右键，在弹出的菜单中选择【创建补间形状】命令，从而创建出白色渐变图形由小到大的补间形状动画。

17）单击"场景 1"按钮，将当前编辑窗口切换到场景的编辑窗口。

18）在"喝彩人群"图层之上创建新图层"运动员"，在该图层第 20 帧处插入关键帧，然后在该帧处导入教学资源包\素材\第五章\目录下"运动员.swf"图形文件，调整到如图 5-71 所示的位置处，并将其转换为名称为"运动员"的影片剪辑元件。

19）分别在"运动员"图层第 28 帧和第 30 帧处插入关键帧，然后选择第 20 帧处的"运动员"影片剪辑元件，将其水平向左移动一段距离，并在"属性"面板中为其添加"模糊"滤镜，如图 5-72 所示。

图 5-71　导入的"运动员.swf"图形文件　　　　**图 5-72　第 20 帧处添加"模糊"滤镜**

20）选择第 28 帧处的"运动员"影片剪辑元件，将其向右移动一小段距离，用同样方法在"属性"面板中为其添加"模糊"滤镜，如图 5-73 所示。

21）在"时间轴"面板中分别选择"运动员"图层第 20 帧至第 28 帧、第 28 帧至第 30 帧间的任意一帧，依次单击鼠标右键，选择弹出菜单中的【创建传统补间】命令，从而创建出"运动员"影片剪辑元件由左向右飞入舞台的传统补间动画。

22）在"运动员"图层之上创建新图层"足球"，并在该图层第 30 帧处插入关键帧，然后导入教学资源包\素材\第五章目录下"足球.swf"图形文件，调整其位置如图 5-74 所示，并将其转换为名称为"足球"的影片剪辑元件。

图 5-73　第 28 帧处添加"模糊"滤镜

图 5-74　导入的"足球.swf"图形文件

23）选择舞台中的"足球"影片剪辑元件，然后单击鼠标右键，在弹出的右键菜单中选择【创建补间动画】命令，从而为其创建补间动画。

24）在"时间轴"面板中选择"足球"图层已经创建的补间范围，然后单击菜单栏中的【窗口】／【动画编辑器】命令，弹出"动画编辑器"面板，依次在"基本动画"属性类型下的"X"轴相对应的右侧曲线段的第 40 帧处、"转换"属性类型下的"缩放 X"和"缩放 Y"轴相对应的右侧曲线段的第 40 帧处单击鼠标右键，在弹出菜单中选择【插入关键帧】命令，从而在第 40 帧的位置处添加属性关键帧，如图 5-75 所示。

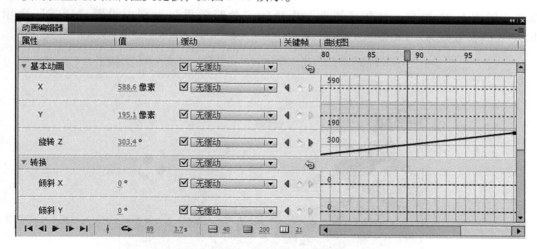

图 5-75　在第 40 帧处添加的属性关键帧

25）用同样的方法，在"动画编辑器"面板中的"基本动画"属性类型下的"X"轴相对应的右侧曲线的第 100 帧处、"转换"属性类型下的"缩放 X"和"缩放 Y"轴相对应的右侧曲线段的第 100 帧处单击鼠标右键，在弹出的菜单中选择【插入关键帧】命令，从而在第 100 帧的位置处添加属性关键帧。

26）在舞台中选择第 30 帧处"足球"影片剪辑元件，将其等比例缩小，再调整到运动员图形脚的位置处，如图 5-76 所示。

27）在"时间轴"面板中选择"足球"图层已经创建的补间范围，然后在"面板"中设置"旋转"为"1"次，"方向"为"顺时针"，从而创建出"足球"影片剪辑元件由小到大、由左向右旋转出现的补间动画。

28) 在"足球"图层之上分别创建新图层"文字1"和"文字2",并在该图层第40帧处插入关键帧,然后依次在舞台中插入黄色文字"激情足球之夜"和白色文字"共赏经典瞬间",并为其添加黑色和红色的"发光"滤镜效果,如图5-77所示。

"文字1"图层中的文字
"文字2"图层中的文字

图5-76　调整第30帧处的"足球"影片剪辑元件　　　图5-77　输入文字并添加滤镜效果

29) 分别将黄色文字"激情足球之夜"和白色文字"共赏经典瞬间"转换为"文字1"和"文字2"影片剪辑元件。

30) 在"文字1"和"文字2"图层第50帧处插入关键帧,然后在舞台中分别选择第40帧处的"文字1"和"文字2"影片剪辑元件,将其垂直向下移动一小段距离,依次将其进行等比例缩小,如图5-78所示,并在"属性"面板的"色彩效果"类别中设置"样式"选项为"Alpha",其参数值为"100%"。

图5-78　移动第40帧处的"文字1"和"文字2"影片剪辑元件并等比例缩小

31) 在"时间轴"面板中同时选择"文字1"和"文字2"第40帧至第50帧间的任意一帧,单击鼠标右键,选择弹出菜单中的【创建传统补间】命令,从而创建出"文字1"和"文字2"影片剪辑元件由下向上、由小到大慢慢淡出的传统补间动画。

32) 在"时间轴"面板中按"Shift"键的同时将"文字2"图层第40帧至第50帧间的所有帧全部选择,然后按鼠标左键向后拖曳,设置其起始帧为第45帧。至此该Flash广告动画全部制作完成,如图5-79所示。

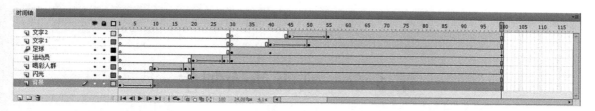

图 5-79 在"时间轴"面板中拖曳并设置第 45 帧为起始帧

33）单击菜单栏中的【控制】/【测试影片】/【测试】命令，对影片进行测试。在弹出的影片测试窗口中可以看到在一片欢呼的人群中运动员飞速踢球，同时伴有文字由小到大、由透明到清晰的 Flash 动画效果。

34）如果影片测试无误，将制作的文件命名为"足球之夜.fla"并保存。

本章小结

至此，整个"足球之夜.fla"的动画实例全部制作完成。在本实例中应用到了传统补间动画、补间动画和补间形状动画，重点为传统补间动画与补间动画的应用。从实例中可以看到传统补间动画的应用比较方便，但是不能提供细致的动画处理，而补间动画则可以通过"动画编辑器"面板对创建动画进行各个细节的调整，创建出的动画更加细腻。当然，了解了各种动画类型的创建方法后，读者在制作该动画时可以不必拘泥于使用何种类型进行动画创建，也可根据自己的喜好重新对动画进行制作。至于制作动画时是采用传统补间动画还是补间动画，作者的建议是尽量使用补间动画，因为补间动画可以提供更加丰富的动画效果以及更加细致的动画调节方式。

思考与练习

1. 什么是预设动画？如何预览动画预设？
2. 快速制作动画的方法有哪些？各有何特点？
3. 如何编辑补间动画？
4. 什么是形状补间动画？如何制作形状补间动画？

第 6 章　高级动画制作

除了前面学习的基础动画制作方法外，Flash 软件还提供了多种高级特效动画制作方法，包括运动引导层动画、遮罩层动画以及骨骼动画等，通过它们可以创建更加生动复杂的动画效果，使得动画的制作更加方便快捷。本章将对这些高级特效动画的创建方法与技巧进行详细讲解。

学习目标

- ☑ 运动引导层动画
- ☑ 遮罩动画
- ☑ 骨骼动画
- ☑ 综合应用实例

6.1　运动引导层动画

运动引导层动画是指对象沿着某种特定的轨迹进行运动的动画，特定的轨迹也被称为固定路径或引导线。作为动画的一种特殊类型，运动引导层动画的制作需要至少使用两个图层，一个是用于绘制固定路径的运动引导图层，一个是运动对象的图层。在最终生成的动画中，运动引导层中的引导线不会显示出来。

6.1.1　运动引导层的创建

运动引导层就是绘制对象运动路径的图层。通过此图层中的运动路径，可以使被引导层中的对象沿着绘制的路径运动。在"时间轴"面板中，一个运动引导层下可以有多个图层，也就是多个对象可以沿着同一条路径同时运动，此时运动引导层下方的各图层也就成为被引导层。在 Flash 中，创建运动引导层的常用方法有以下两种。

方法一：在"时间轴"面板中选择需要添加运动引导层的图层，然后单击鼠标右键，选择弹出菜单中的【添加传统运动引导层】命令即可。

方法二：在"图层属性"对话框中进行设置。

1. 使用【添加传统运动引导层】命令创建运动引导层

使用【添加传统运动引导层】命令创建运动引导层是最为方便的一种方法，具体操作如下。

1）在"时间轴"面板中选择需要创建运动引导层动画的对象所在的图层。

2）单击鼠标右键，在弹出的菜单中选择【添加传统运动引导层】命令，即可在刚才所选图层的上面创建一个运动引导层（此时创建的运动引导层前面的图标已显示），并且将原来所选图层设为被引导层，如图 6-1 所示。

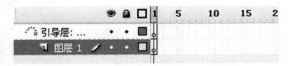

图 6-1　使用【添加传统运动引导层】
命令创建运动引导层

2. 使用"图层属性"对话框创建运动引导层

"图层属性"对话框用于显示与设置图层的属性，包括设置图层的类型等。使用"图层属性"对话框创建运动引导层的具体操作如下。

1）选择"时间轴"面板中需要设置为运动引导层的图层，单击菜单栏中的【修改】／【时间轴】／【图层属性】命令，或者在该图层处单击鼠标右键，选择弹出菜单中的【属性】命令，都可以弹出"图层属性"对话框，如图 6-2 所示。

2）在"图层属性"对话框中，选择"类型"中的"引导层"选项。

3）单击"确定"按钮，此时，将当前图层设置为运动引导层，如图 6-3 所示。

注意：此时创建的运动引导层前面的图标是一个小锤子的图标，说明它还不能制作运动引导层动画，只能起到注释图层的作用，只有将其下面的图层转换为被引导层后，才能开始制作运动引导层动画。

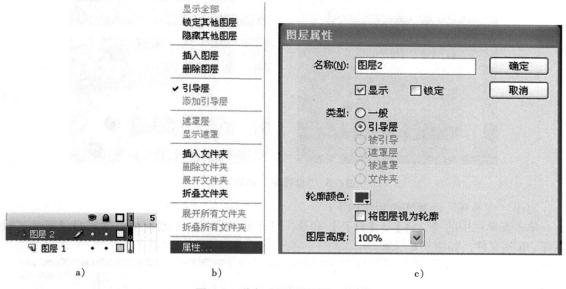

图 6-2 弹出"图层属性"对话框

4）选择运动引导层下方需要被引导的各图层（可以是单个图层，也可以是多个图层），按鼠标左键，将其拖到运动引导层的下方，可以将其快速转换为被引导层，这样一个引导层可以设置多个被引导层，如图 6-4 所示。

图 6-3 设置为运动引导层后的显示　　　　图 6-4 设置为被引导层的过程

注意：在"时间轴"面板中选择某个图层后，单击鼠标右键，选择弹出菜单中的【引导层】命令，也可以将选择图层设为运动引导层，其作用与使用"图层属性"对话框进行运动引导层的设置相同。

6.1.2　典型案例——制作足球飞入的动画

前面学习了运动引导层的创建方法后，接下来通过实例"世界杯"来讲解创建运动引导层动画的具体方法。"世界杯"动画效果如图6-5所示。

图6-5　"世界杯"动画效果

制作"世界杯"动画实例步骤如下：

单击菜单栏中的【文件】／【打开】命令，打开教学资源包 \ 素材 \ 第六章目录下的"世界杯.fla"文件，如图6-6所示。

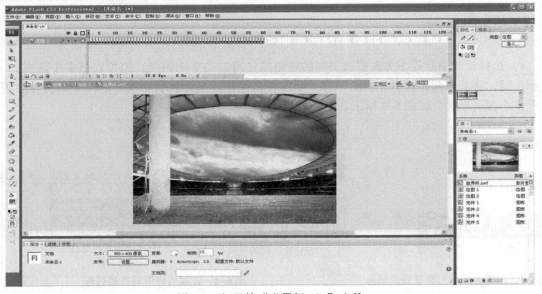

图6-6　打开的"世界杯.fla"文件

注意：在打开的"世界杯.fla"文件中可以观察到该文件中包括一个图层，用于显示动画"背景"图像。在"库"面板中除了"背景"图像文件外，还包括一个"足球"的影片剪辑元件。

在"时间轴"面板第 60 帧处插入普通帧，从而设置该动画播放时间为 60 帧。

1）在"图层 1"之上创建新图层"足球"，然后将"库"面板中的"足球"影片剪辑元件拖到舞台中。

2）在"时间轴"面板中选择"足球"图层，单击鼠标右键，在弹出的菜单中选择【添加传统运动引导层】命令，创建一个运动引导层，系统自动命名为"引导层：足球"，如图 6-7 所示。

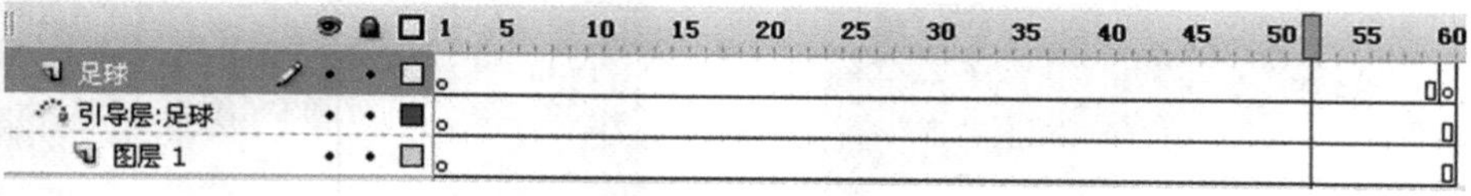

图 6-7　创建运动引导层后的"时间轴"面板

3）在舞台中，使用"铅笔工具"在"引导层：足球"图层中绘制一条运动引导线，如图 6-8 所示。

图 6-8　绘制一条运动引导线

4）在"足球"图层第 20 帧处插入关键帧，然后锁定"图层 1"与"引导层：足球"图层，防止编辑"足球"图层时对这两个图层的误操作。

5）确认"工具"面板中的按钮处于被激活状态，使用"任意变形工具"将"足球"影片剪辑元件缩小，然后使用"选择工具"调整舞台中"足球"影片剪辑元件的中心点与运动引导线右侧的端点对齐，如图 6-9 所示。

6）将播放头拖到第 1 帧，使用"任意变形"工具将第 1 帧处的"足球"影片剪辑元件缩小至很小，然后使用"选择工具"调整舞台中"足球"影片剪辑元件的中心点与运动引导线左侧的端点对齐，如图 6-10 所示。

放大显示的效果

图 6-9　第 20 帧处的"足球"影片剪辑元件　　　图 6-10　第 1 帧处的"足球"影片剪辑元件

7）选择第 1 帧处的"足球"影片剪辑元件，在"属性"面板的"滤镜"选项中添加"模糊"滤镜效果，并设置"模糊 X"和"模糊 Y"参数值都为"10"像素，"品质"参数为"高"，如图 6-11 所示。

8）在"时间轴"面板中选择"足球"图层第 1 帧至第 20 帧间的任意一帧，单击鼠标右键，选择弹出菜单中的【创建传统补间】命令，在"足球"图层中创建出传统补间动画，此时的"时间轴"面板如图 6-12 所示。

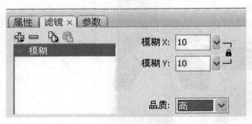

图 6-11　添加滤镜模糊参数　　　图 6-12　创建传统补间动画的"时间轴"面板

9）为了使动画效果更自然，在"时间轴"面板中选择"足球"图层第 1 帧至第 20 帧之间的任意一帧，然后在"属性"面板"补间"选项中设置"缓动"参数值为"100"，"旋转"选项为"顺时针"，"旋转次数"参数值为"2"，如图 6-13 所示。

图 6-13　设置动画的补间属性参数

10）按"Ctrl + Enter"组合键，对影片进行测试。可以观察到一个"足球"从画面中沿着一个抛物线旋转着快速飞行的动画效果。

11）如果影片剪辑测试无误，单击菜单栏中的【文件】/【保存】命令，将文件进行保存。

6.2　遮罩动画

同前面学习的运动引导层动画相同，在 Flash 中遮罩动画的创建至少需要两个图层才能完成，分别是遮罩层和被遮罩层。位于上方用于设置遮罩范围的图层被称为遮罩层，而位于下方的则是被遮罩层，遮罩层如同一个窗口，通过它可以看到其下被遮罩层中的区域对象，而被遮罩层区域以外的对象将不会显示。另外，在制作遮罩动画时还需要注意，一个遮罩层下可以包括多个被遮罩层，不过被遮罩层内部不能有遮罩层，也不能将一个遮罩层应用于另一个遮罩层。

6.2.1　遮罩层的创建

遮罩层其实是由普通图层转化而来的。Flash 会忽略遮罩层中的位图、渐变色、透明色、颜色和线条样式，其中的任何填充区域都是完全透明的，任何非填充区域都是不透明的，因此遮罩层中的对象将作为镂空的对象存在。遮罩层的创建方法十分简单，可以通过菜单命令进行创建，也可以通过"图层属性"对话框进行创建，下面分别介绍。

方法一：在"时间轴"面板中选择需要设为遮罩层的图层，然后单击鼠标右键，选择弹出菜单中的【遮罩层】命令即可。

方法二：通过在"图层属性"对话框中进行设置。

1. 使用【遮罩层】命令创建遮罩层

使用【遮罩层】命令创建遮罩层是最为方便的一种方法，具体操作如下

1）在"时间轴"面板中选择需要设置为遮罩层的图层。

2）单击鼠标右键，在弹出的菜单中选择【遮罩层】命令，即可将当前图层设为遮罩层，其下的一个图层也被相应地设为被遮罩层，二者以缩进形式显示，如图 6-14 所示。

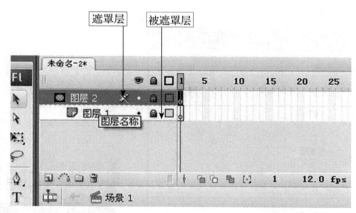

图 6-14　使用【遮罩层】命令创建遮罩层和被遮罩层

2. 使用"图层属性"对话框创建遮罩层

在"图层属性"对话框中除了可以设置运动引导层外，还可以设置遮罩层与被遮罩层，具

体操作如下。

1）选择"时间轴"面板中需要设置为遮罩层的图层，单击菜单栏中的【修改】/【时间轴】/【图层属性】命令，或者在该图层处单击鼠标右键，选择弹出菜单中的【属性】命令，都可打开"图层属性"对话框。

2）在"图层属性"对话框中，选择"类型"中的"遮罩层"选项，如图6-15所示。

3）单击"确定"按钮，将当前图层设为遮罩层，如图6-16所示。

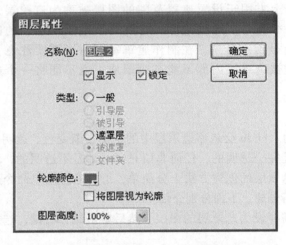

图6-15　在弹出的"图层属性"对话框中设置参数　　图6-16　将当前图层设为遮罩层

4）按照同样的方法，在"时间轴"面板中选择需要设置为被遮罩层的图层，单击鼠标右键，选择弹出菜单中的【属性】命令，在弹出的"图层属性"对话框中选择"类型"中的"被遮罩"选项，即可以将当前图层设置为被遮罩层，如图6-17所示。

注意： 在"时间轴"面板中，一个遮罩层下可以包括多个被遮罩层。除了可以使用上述的方法设置被遮罩层外，还可以将需要设为被遮罩层的图层选择后按鼠标左键拖到遮罩层下，快速将该层转换为被遮罩层。

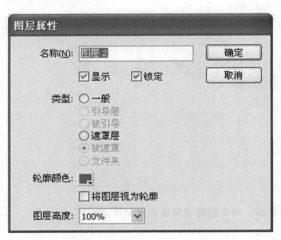

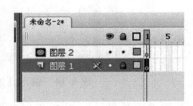

图6-17　创建被遮罩层

6.2.2　综合实例——制作绿色大自然动画

遮罩动画是一种应用较多的特殊动画类型，如常见的探照灯效果、百叶窗效果、放大镜效果、水波等都是通过遮罩动画创建的，将遮罩的手法与创意完美结合，可以创建出令人惊叹的动画效果。接下来通过一棵大树生长的"绿色大自然.fla"动画实例来讲解创建遮罩动画的具体应用。"绿色大自然"动画效果如图 6-18 所示。

图 6-18　"绿色大自然"动画效果

制作"绿色大自然"动画实例步骤如下。

1）启动 Flash CS6，创建一个新的文档，并设置新文档的舞台宽度与舞台高度，全部为"500 像素"背景颜色为默认的"白色"。

2）在"时间轴"面板中将"图层 1"的名称改为"草地"，然后打开教学资源包 \ 素材 \ 第六章目录下的"天空草地. jpg"文件导入舞台中，并通过"信息"面板设置导入的图像与舞台重合，如图 6-19 所示。

图 6-19　"天空草地"图像的位置

3）在"草地"图层第 200 帧处插入帧，从而设置动画播放时间为 200 帧。

4）在"草地"图层之上创建新图层"大树"，然后导入教学资源包 \ 素材 \ 第六章目录下的"绿树. png"文件，将其放置到草地的上方，如图 6-20 所示。

5）在"大树"图层之上创建新图层"圆形"，然后使用"椭圆"工具在大树图形上方绘制一个大的圆形，其大小以将大树图形覆盖为准，如图 6-21 所示。

　图 6-20　导入的"绿树.png"文件　　　　　　　　　图 6-21　绘制的圆形

6）在"圆形"图层第 150 帧处插入关键帧，这样"图形"图层第 1 帧与第 150 帧都有一个大小位置相同的圆形图形。

7）将播放头拖到第 1 帧，使用"任意变形"工具将第 1 帧处的圆形缩小到在大树图形下方的椭圆图形，如图 6-22 所示。

8）在"圆形"图层第 1 帧至第 150 帧间任意一帧处单击鼠标右键，在弹出的菜单中选择【创建补间形状】命令，在"图形"图层第 1 帧至第 150 帧间创建出补间形状动画。

9）在"圆形"图层处单击鼠标右键，在弹出的菜单中选择【遮罩层】命令，将"圆形"图层转化为遮罩层，其下方的"大树"图层转化为被遮罩层，从而创建出遮罩动画，如图 6-23 所示。

　　　图 6-22　第 1 帧处的椭圆图形　　　　　　　　图 6-23　转化的遮罩层与被遮罩层

10）按"Ctrl + Enter"组合键，对影片进行测试，可以观察到大树图形缓慢显示的动画效果。

11）如果影片测试无误，单击菜单栏中的【文件】/【保存】命令，将文件保存为"绿色大自然 . fla"动画文件。

6.3　骨骼动画

骨骼动画也称之为反向运动（IK）动画，是一种使用骨骼的关节结构对一个对象或彼此相关的一组对象进行动画处理的方法。Flash CS6 中创建骨骼动画的对象分为两种，一种为元件实例对象，另一种为图形形状。使用"工具"面板中的"骨骼工具"在元件实例对象或图形形状上创建对象的骨骼，然后移动其中的一块骨骼，与这块骨骼相连的其他骨骼也会移动，通过这些骨骼的移动即可创建出骨骼动画。使用骨骼进行动画处理时，只需指定对象的开始位置和结束位置即可，然后通过反向运动，即可轻松自然地创建骨骼的运动。使用骨骼动画可以轻松地创建人物动画，如胳膊、腿和面部表情等。

6.3.1　创建基于元件的骨骼动画

在 Flash CS6 中可以对图形形状创建骨骼动画，也可以对元件实例创建骨骼动画。元件实例可以是影片剪辑、图形和按钮，如果是文本，则需要将文本转换为元件实例。如果创建基于元件实例的骨骼，可以使用"骨骼工具"对每个元件实例进行骨骼绑定，移动其中一块骨骼会带动相邻的骨骼进行运动。下面以"机器人"动画为例来学习使用"骨骼工具"创建基于元件实例的骨骼动画方法。

1）单击菜单栏中的【文件】/【打开】命令，打开教学资源包\素材\第六章目录下的"机器人 . fla"文件，如图 6-24 所示。

2）双击舞台中"机器人"影片剪辑元件，切换至该元件编辑窗口中，在此窗口中可以看到机器人的各个部分都是单独的元件，并放置在不同的图层中，如图 6-25 所示。

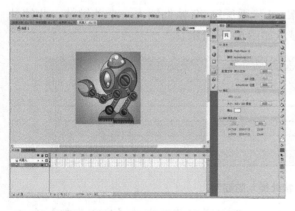　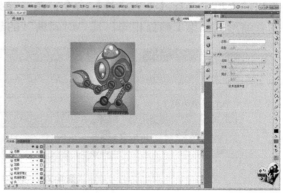

图 6-24　打开的"机器人 . fla"文件　　　　图 6-25　"机器人"影片剪辑元件编辑窗口

3）在"时间轴"面板中将所有图层锁定，然后选择所有图层的第 50 帧，按"F5"键，为所有图层第 50 帧插入普通帧，设置动画的播放时间为 50 帧。

4）将播放头拖到第 1 帧，在"工具"面板中选择"骨骼工具"，此时光标变为十字下方带个骨头的图标形式，然后将光标放置到机械手臂的根部位置处单击并向第一个关节位置拖曳，创建出骨骼；继续使用"骨骼工具"从第一个关节处向大钳子的部分拖曳，创建出第二个骨骼。此时自动创建出一个"骨架－1"的图层，"机械手臂1""机械手臂2"与"钳子"图层中的对象自动剪切到"骨架－1"图层中，如图6-26所示。

5）使用"选择"工具向上拖曳机器人的大钳子，则两个机械手臂也会随之转动。最后将大钳子移动到机器人的头部位置，并将大钳子略微向上翘些，如图6-27所示。

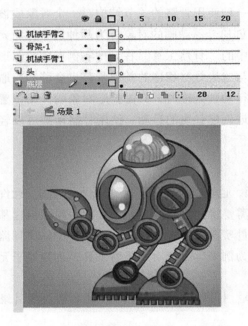

图 6-26　自动创建的"骨架－1"图层　　　　　图 6-27　第 1 帧大钳子的位置

6）将播放头拖到时间轴的第50帧，然后在"骨架－1"图层第50帧处单击鼠标右键，在弹出的菜单中选择【插入姿势】命令，在"骨架－1"图层第50帧处插入一个关键帧，此帧处的骨骼形式和第1帧处相同，其"时间轴"的显示如图6-28所示。

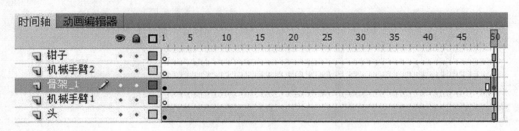

图 6-28　第 50 帧处插入的姿势

7）在"骨架－1"图层第25帧处单击鼠标右键，选择弹出菜单中的【插入姿势】命令，在"骨架－1"图层第25帧处插入一个关键帧。然后使用"选择"工具将此帧处的机器人大钳子移动到机器人的脚底位置，并调整大钳子的方向向下，如图6-29所示。

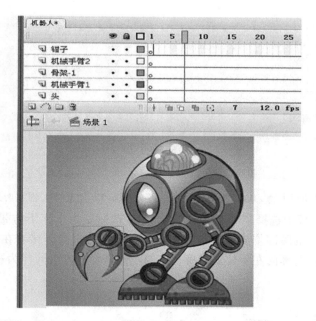

图 6-29　第 25 帧处大钳子的位置

8）按"Ctrl + Enter"组合键，对影片进行测试，可以观察到机器人手臂上下摇动的动画效果，如图 6-30 所示。

图 6-30　"机器人"的动画效果

6.3.2　创建基于图形的骨骼动画

在 Flash CS6 中，与创建基于元件实例的骨骼动画不同，基于图形形状的骨骼动画对象必须是简单的图形形状，在此图形中可以添加多个骨骼。在向单个图形或一组图形添加第一块骨骼之前必须选择所有图形。将骨骼添加到所选的图形后，Flash 将所有的图形和骨骼转换为骨骼图形对象，并将该对象移动到新的骨架图层。将某个图形转换为骨骼图形后，它无法再与其他图形进行合并操作。对于基于图形形状的骨骼动画也需要使用"骨骼工具"创建，下面以"动感人物"动画为例来学习创建基于图形的骨骼动画的方法。

1）单击菜单栏中的【文件】/【打开】命令，打开教学资源包 \ 素材 \ 第六章目录下的"动感人物 . fla"文件，如图 6-31 所示。在打开的"动感人物 . fla"文件中可以观察到三个人物都是由同一个"动感人物"的影片剪辑元件创建的，所以只需为其中一个人物创建骨骼动画，其他两个人物也会自动应用骨骼动画。接下来将使用"骨骼工具"创建人物双臂挥舞的骨骼动画。

2）双击舞台中间的"动感人物"影片剪辑元件，切换到该元件编辑窗口，如图 6-32 所示。

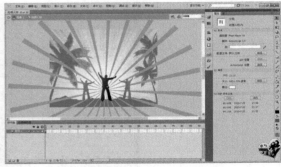

图 6-31　打开"动感人物.fla"文件　　　　图 6-32　"动感人物"影片剪辑元件编辑窗口

3）在"工具"面板中选择"骨骼"工具，此时光标变为十字下方带个骨头的光标形式，然后将光标放置到人物的胯部位置处单击并向人物胸口上方拖曳，接着在由胸口向左侧手臂肘部拖曳，再由左侧手臂肘部向左手位置拖曳，按照左侧手臂的方法同样为右侧手臂也添加骨骼，如图 6-33 所示。

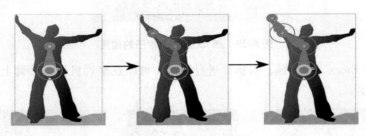

图 6-33　为人物手臂添加骨骼

4）在"时间轴"面板中选择所有图层的第 10 帧，按"F5"键，为所有图层第 10 帧插入普通帧，设置动画的播放时间为 10 帧。

5）在"骨架 - 1"图层第 10 帧处单击鼠标右键，在弹出的菜单中选择【插入姿势】命令，在"骨架 - 1"图层第 10 帧处创建一个关键帧，此关键帧与第 1 帧中的人物姿势相同，如图6-34。

图 6-34　在第 10 帧处创建一个关键帧

6）在"骨架 – 1"图层第 5 帧处单击鼠标右键，在弹出的菜单中选择【插入姿势】命令，在"骨架 – 1"图层第 5 帧创建一个关键帧，然后使用"选择"工具拖曳人物左侧和右侧手臂向内侧旋转，如图 6-35 所示。

7）按"Ctrl + Enter"组合键，对影片进行测试。可以看到舞台中三个人物同时手臂挥舞欢呼的动画效果，如图 6-36 所示。

图 6-35　调整第 5 帧人物的姿势

图 6-36　"动感人物"动画效果

6.3.3　骨骼属性

为对象创建骨骼后，选择其中的骨骼，在"属性"面板中将出现此骨骼的相关属性设置。

（1）连接：旋转　此选项默认情况下处于启用状态，即"启用"复选框被勾选，指被选中的骨骼可以沿着父骨骼对象进行旋转；如果将"约束"复选框勾选，还可以设置骨骼对象旋转的最小度数与最大度数。

（2）连接：X 平移　如果将"启用"复选框勾选，则选中的骨骼可以沿着 X 轴方向进行平移；如果将"约束"复选框勾选，还可以设置此骨骼对象在 X 轴方向平移的最小值与最大值。

（3）连接：Y 平移　如果将"启用"复选框勾选，则选中的骨骼可以沿着 Y 轴方向进行平移；如果将"约束"复选框勾选，还可以设置此骨骼对象在 Y 轴方向平移的最小值与最大值。

（4）弹簧　此选项可以使创建的骨骼动画具有弹簧振动一样的效果，可以增加物体移动的真实感。此选项中包含两个选项"强度"和"阻尼"，其中"强度"选项用于设置弹簧强度，值越高，创建的弹簧效果越强；"阻尼"选项用于设置弹簧效果衰减速率，值越高，弹簧弹性减小得越快，如果值为"0"则弹簧弹性在姿势图层的所有帧中保持其最大强度。

6.3.4　编辑骨骼对象

在 Flash CS6 中创建人物骨骼后，可以通过多种方法对其进行编辑，也可以重新定位骨骼及其关联的对象、在对象内移动骨骼、更改骨骼的长度、删除骨骼以及编辑包含骨骼的对象等。

1. 移动骨骼

为对象添加骨骼后，使用"选择"工具移动骨骼对象，只能对父级骨骼进行环绕运动；如果需要移动骨骼对象，可以使用"任意变形"工具选择需要移动的对象，然后拖动对象，则骨骼对象的位置发生改变，连接的骨骼长短也随着对象的移动发生变化，如图 6-37 所示。

图 6-37　移动骨骼对象

2. 重新定位骨骼

为对象添加骨骼后，选择并移动对象上的骨骼，此时只能对骨骼进行旋转运动，并不能改变骨骼的位置。如果需要对对象上的骨骼进行重新定位，则需要使用"任意变形"工具进行操作。首先使用"任意变形"工具选择需要重新定位的骨骼对象，然后移动选择对象的中心点，则此时骨骼的连接位置移动到中心点的位置，如图 6-38 所示。

3. 删除骨骼

删除骨骼的操作非常简单，只需要使用"选择"工具选择需要删除的骨骼，然后按"Delete"键，即可删除。

图 6-38　重新定位骨骼对象

6.3.5　绑定骨骼

为图形对象添加骨骼后，发现在移动骨骼时图形对象并不能按照令人满意的方式进行扭曲。此时可以使用"工具"面板中"绑定"工具编辑单个骨骼和形状控制点之间的连接，这样就可以控制在每个骨骼移动时的扭曲方式，从而得到更满意的结果。如果在"工具"面板上"绑定"工具没有显示，可以在"骨骼工具"上单击并停留一小段时间，在弹出的下拉列表中即可选择"绑定"工具。

使用"绑定"工具可以将多个控制点绑定到一个骨骼上，也可以将多个骨骼绑定到一个控制点上。使用"绑定"工具单击骨骼，将显示骨骼和控制点之间的连接，选择的骨骼以红色的线显示，骨骼的控制点以黄色的点显示。

基于图形形状的骨骼动画，在骨骼运动时是由控制点控制动画的变化效果，也可以通过绑定、取消绑定骨骼上的控制点，从而精确地控制骨骼动画的运动效果。

（1）绑定控制点　使用"绑定"工具选择骨骼后，按"Shift"键，在蓝色未点亮的控制点上单击，则可以将此控制点绑定到被选择的骨骼上。

（2）取消绑定控制点　使用"绑定"工具选择骨骼后，按"Ctrl"键，在黄色显示绑定在骨骼的控制点上单击，则可以取消此控制点在骨骼上的绑定。

6.4　综合实例——中秋团圆动画

前面学习了运动引导层动画、遮罩动画以及骨骼动画等高级特效动画，接下来在本节中将制作一个"中秋团圆"动画，此动画通过骨骼设置创建仙鹤引颈高歌的动画效果，再通过文字的波浪动画效果以及月亮中残影的动画效果，体现中秋夜晚宁静安详、月圆人团圆的诗画意境，如图 6-39 所示。

图 6-39　"中秋团圆"动画效果

制作"中秋团圆"动画步骤提示如下（见图 6-40）。

1）打开素材文件。

2）在"鹤"影片剪辑元件窗口中创建腿部的骨骼动画。

3）在"鹤"影片剪辑元件窗口中创建头部与颈部的动画。

4）创建文字波浪效果的动画。

5）创建月亮中枝条摆动的遮罩动画。

6）测试与保存 Flash 动画文件。

制作"中秋团圆"动画操作步骤如下。

1）打开教学资源包＼素材＼第六章目录下的"中秋团圆.fla"动画文件，如图 6-41 所示。在"库"面板中双击"鹤"影片剪辑元件，切换到"鹤"影片剪辑元件编辑窗口，在此影片剪辑元件编辑窗口中可以看到"鹤"图形的腿部分为 3 部分，将这 3 部分分别转换名称为"上肢""下肢"和"脚"的影片剪辑元件，如图 6-42 所示。

图 6-40　步骤提示图

转换的"上肢"影片剪辑元件
转换的"下肢"影片剪辑元件

转换的"脚"影片剪辑元件

图 6-41　打开"中秋团圆.fla"文件　　　　图 6-42　转换的影片剪辑元件

2）在"工具"面板中选择"骨骼"工具，然后从鹤图形的上肢向下拖曳创建骨骼，再继续由下肢向脚的位置拖曳创建骨骼，如图 6-43 所示。

3）将创建骨骼的图层名称改为"左腿"。然后选择已创建的骨骼，按"Ctrl + C"组合键，在左腿图层上创建一个新的图层，在新图层中在按"Ctrl + Shift + V"组合键，将复制的腿部骨骼再粘贴到编辑窗口中，并保存到原来的位置，同时粘贴的骨骼自动创建在新骨骼图层中，如图 6-44 所示。

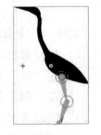

4）将粘贴骨骼所在的图层名称改为"右腿"，然后继续使用"骨骼"工具在鹤的身子位置向头部位置创建一系列骨骼，并将创建的骨骼图层名称改为"头部"，如图 6-45 所示。

5）调整图层次序，设置由下至上的图层次序为"右腿""左腿""头部"，然后在所有图层第 100 帧位置处插入帧，设置"鹤"影片剪辑元件的播放时间为 100 帧，如图 6-46 所示。

图 6-43　创建骨骼

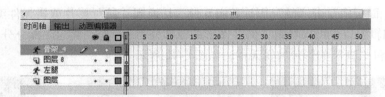

图 6-44　粘贴到原来的位置的骨骼对象

图 6-45　创建的身体到头部的骨骼

6）分别在"左腿"骨骼图层第 17 帧、第 34 帧、第 51 帧处单击鼠标右键，在弹出的菜单中选择【插入姿势】命令，在这些帧处插入关键姿势。

7）使用"选择"工具调整"左腿"骨骼图层第 17 帧与第 34 帧位置处的骨骼姿势，如图 6-47 所示。

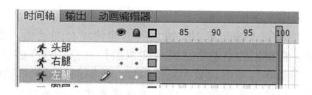

图 6-46　调整图层的次序并插入帧

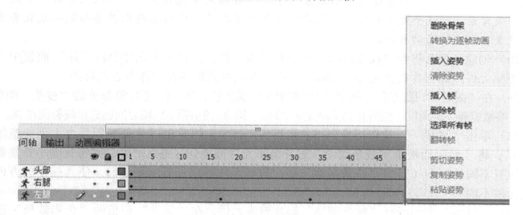

图 6-47　调整骨骼姿势

8）分别在"右腿"骨骼图层第 34 帧、第 51 帧、第 67 帧、第 83 帧处单击鼠标右键，选择弹出菜单中的【插入姿势】命令，在这些帧处插入骨骼姿势。

9）使用"选择"工具调整"右腿"骨骼图层第 51 帧与第 67 帧处的骨骼姿势。

10）分别在"头部"骨骼图层第 30 帧、第 60 帧处单击鼠标右键，在弹出的菜单中选择【插入姿势】命令，在这些帧处插入骨骼姿势。

11）使用"选择"工具调整"头部"骨骼图层第 30 帧处的骨骼姿势。

12）单击"场景一"切换到当前场景的编辑窗口，在"背景"图层之上创建"月亮"图层，然后经"库"面板中"月亮"影片剪辑元件拖到编辑窗口上方的位置。

13）在"月亮"图层之上创建"鹤"图层，然后将"库"面板中"鹤"影片剪辑元件拖到月亮图形的右侧，并缩放合适的大小。

14）在"草地"图层之上创建"文字"图层，然后输入白色的"中秋团圆"与"zhongqiutuanyuan"，并调整文字的大小与位置。

15）选择白色的"中秋团圆"文字，将其转换名称为"文字"的影片剪辑元件，并双击此元件，切换到此元件编辑窗口。在元件编辑窗口将"图层 1"的名称改为"文字"，然后在其上创建新图层"大一号文字"。

16）将"文字"图层中的文字粘贴到"大一号文字"图层中并保持原来的位置，然后通过菜单栏中【修改】／【分离】命令将"大一号文字"图层文字打散为图形，然后将每一个文字都略微放大一些。

17）在"文字"图层之上创建"滚动条"图层，将"库"面板中"长横纹"影片剪辑元件拖到此图层中，使得"长横纹"影片剪辑元件右侧刚好叠在文字的下方，并在"属性"面板的"色彩效果"选项中设置"样式"为"色调"，然后设置"色调"的颜色为"白色"。

18）在元件编辑窗口中的所有图层第 100 帧处插入帧，设置元件播放时间为 100 帧，再继续在"滚动条"图层第 100 帧处插入关键帧，然后将此帧处的"长横纹"影片剪辑元件向右水平拖曳，使其左侧刚好覆盖文字的左侧。

19）在"滚动条"图层第 1 帧至第 100 帧之间创建传统补间动画，然后在"大一号文字"图层上方单击鼠标右键，在弹出的菜单中选择【遮罩层】命令，这样将"大一号文字"图层设置为遮罩层，其下的"滚动条"图层设置为被遮罩层，从而创建出遮罩动画。

注意：通过以上方式创建的遮罩动画可以形成波浪式文字动画效果，这种方法可以制作常见的水波纹动画，动画的原理是下面放置一个小一些的文字或背景，然后在上方放一个大一些的文字或背景，对这个大一些的文字或背景制作遮罩动画，然后这些图层叠加到一块就会显示出波浪或者水波纹的动画效果。

20）创建一个名称为"枝条摆动"的影片剪辑元件，然后在此元件中将"库"面板中"枝条"图形元件拖到影片剪辑元件的编辑窗口中，并设置其顶部与元件中心点对齐。

21）在"图层 1"图层第 50 帧至第 100 帧处插入关键帧，然后设置第 50 帧处的"枝条"图形元件向左略微旋转一定角度，然后在第 1 帧至第 50 帧、第 50 帧至第 100 帧之间创建传统补间动画。

22）单击"场景一"按钮切换到当前场景的舞台中，然后在"月亮"图层之上创建新图层"枝条"，将"库"面板中"枝条摆动"影片剪辑元件拖曳到月亮图形处，并将其缩小并复制多个，设置不同的大小（其中"枝条摆动"影片剪辑元件可以进行水平翻转，使其摇摆的方向与其他元件不同）。

23）选择舞台中的所有"枝条摆动"影片剪辑元件，在"属性"面板的"色彩效果"选项中设置"样式"为"高级"，然后设置红、绿、蓝参数值都为"0%"，A、R、G、B 参数值都为"0%"，Alpha 参数值为"15%"，将这些"枝条摆动"影片剪辑元件显示淡些。

24）在"枝条"图层之上创建新图层"图形遮罩"，然后在"图形遮罩"图层中绘制一个与月亮一样大小的图形。

25）在"图形遮罩"图层处单击鼠标右键，在弹出的菜单中选择【遮罩层】命令，这样将"图形遮罩"图层设置为遮罩层，"枝条"图层设置为被遮罩层，从而创建出遮罩动画。枝条摆动的动画只能显示在月亮图形之中。

26）按"Ctrl + Enter"组合键，在影片测试窗口中可以看到仙鹤引颈高歌、文字细微的波浪运动以及月亮中隐现的树枝飘动的动画效果。

27）至此，该动画制作完成。单击菜单栏中【文件】/【保存】命令，将制作的动画文件保存。

本章小结

至此整个"中秋团圆"动画全部制作完成，本实例中综合应用到了骨骼动画与遮罩动画，通过骨骼动画可以创建复杂的形体动作，遮罩动画可以创建很多令人耳目一新的动画效果。读者可以尝试着导入其他的动画对象，以及创建不同的遮罩动画效果，进一步掌握这几种高级动画的应用技巧。

思考与练习

1. 传统补间动画有何特点？如何制作传统补间动画？
2. 如何制作引导层动画？
3. 什么是遮罩？如何制作遮罩动画？

第7章 ActionScript 3.0 编程基础

ActionScript 一直以来都是 Flash 软件中的一个重要模块，特别是在 Flash CS6 中，对这一模块的功能进一步进行了加强，其中包括重新定义了 ActionScript 的编程思想，增加了大量的内置类，程序的运行效率更高等。在本章中，将介绍 ActionScript 3.0 的基本语法和编程方法，并通过实例了解几个常用内置类的使用方法。

> **学习目标**
>
> ☑ 了解 ActionScript 3.0 的基本语法
> ☑ 掌握一些常见特效的制作方法
> ☑ 掌握代码的书写位置及方法
> ☑ 掌握类的使用及扩展方法

7.1 ActionScript 3.0 简介

ActionScript 3.0 是最新且最具有创新性的 ActionScript 版本，它是针对 Adobe Flash Player 运行环境的编程语言，可以实现程序交互、数据处理以及其他许多功能。

ActionScript 3.0 相比于早期的 ActionScript 版本具有以下特点。

1）使用全新的字节码指令集，并使用全新的 AVM2 虚拟机执行程序代码使性能显著提高，其代码的执行速度可以比早期版本的 ActionScript 代码快 10 倍。

2）具有更为先进的编译器代码库，严格遵循 ECMAScript（ECMA262）标准，相对于早期的编译器版本，可执行更深入的优化。

3）使用面向对象的编程思想，可最大限度地重用已有代码，方便创建拥有大型数据集和高度复杂的应用程序。

4）ActionScript 3.0 的代码只能写在关键帧上或由外部调入，而不能写在元件上。

7.2 ActionScript 3.0 的基本语法

在 ActionScript 3.0 代码编写过程中，需要遵循的基本语法规则主要有以下几点。

1. 区分大小写

ActionScript 3.0 中大小写不同的标识符被视为不同。例如，下面的代码创建的是两个不同的变量。

```
var  numl :int;
var  Numl :int;
```

2. 点运算符

可以通过点运算符（.）来访问对象的属性和方法。例如，以下类的定义。

```
Class  ASExample
{
    public  var  name:string;
    public  function  method():void{ }
}
```

该类中有一个 name 属性和一个 methodl( ) 方法，借助点语法，并通过创建一个实例来访问相应的属性和方法。

```
var  example1:ASExample = new ASExample()
example1.name = "Hello";
example1.methodl();
```

3. 字面值

"字面值" 是指直接出现在代码中的值。下面的示例都是字面值。

```
17
-9.8
"Hello"
null
undefined
true
```

4. 分号

可以使用分号字符（;）来终止语句。若省略分号字符，则编译器将假设每一行代码代表一条语句。使用分号来终止语句，则代码会更易于阅读。使用分号终止语句还可以在一行中放置多个语句，但是这样会使代码变得难以阅读。

5. 注释

ActionScript 3.0 代码支持两种类型的注释：单行注释和多行注释，编译器将忽略注释中的文本。

单行注释以两个正斜杠字符（//）开头并持续到该行的末尾。例如，下面的代码包含两个单行注释。

```
//单行注释 1
Var num1:Number = 3; //单行注释 2
```

多行注释以一个正斜杠和一个星号（/*）开头，以一个星号和一个正斜杠（*/）结尾。例如：

```
/*这是一个可以跨
多行代码的多行注释。*/
```

7.3 ActionScript 3.0 常用的内置类

Flash CS6 中提供了大量的 ActionScript 3.0 内置类，对于一般的初级用户，了解并掌握一些常用内置类的用法就足以应对日常 Flash 设计开发的需要。本节将使用到几个常用内置类，在设计开发 Flash 作品的同时，介绍类、属性、方法等的使用方法和编程技巧。

7.3.1 知识准备

工欲善其事，必先利其器。在开始实例制作之前，首先对将要用到的重要方法和关键知识点进行学习，才能更好地读懂并掌握案例的制作方法。

1. 获取时间

ActionScript 3.0 对时间的处理主要通过 Date 类来实现。通过以下代码初始化一个无参数的 Date 类的实例，便可得到当前系统时间。

```
var now:Date = new Date();
```

通过点运算符调用对象 now 中包含的 getHours( )、getMinutes( )、getSeconds( )方法便可得到当前时间的小时、分钟和秒的数值。

```
var hour:Number = now.getHours();
var minute:Number = now.getMinutes();
var second:Number = now.getSeconds();
```

2. 指针旋转角度的换算

1）对于时钟中的秒针，旋转一周是 60s、即 360°，每转过一个刻度是 6°。用当前秒数乘上 6 便得到秒针的旋转角度。

```
var rad_s = second * 6;
```

2）对于分针，其转过一个刻度也是 6°，但为了避免每隔 1min 才跳动一下，所以设计成每隔 10s 转过 1°。

```
var rad_m = minute * 6 + int(second/10);
```

其中 int（second / 10）表示用秒数除以 10 后取其整数，结果便是每 10s 增加 1。

3）对于时针，旋转一周是 12h、360°，但通过 getHours( ) 得到的小时数值为 0 ~ 23，所以先使用 "hour%12" 将其变化范围调整为 0 ~ 11（其中 "%" 表示前数除以后数取余数）。

时针每小时要旋转 30°，同样为了避免每隔 1h 才能跳动一下，设计成每 2min 旋转 1°。

```
var rad_h = hour % 12 * 30 + int(minute/2);
```

3. 元件动画设置

根据计算所得数值，通过点运算符访问并设置实例的 rotation 属性便可以形成旋转动画。

```
实例名.rotation = 计算所得数值;
```

4. 添加事件

ActionScript 3.0 事件通过 addEventListener( ) 方法来添加，一般格式如下。
接收事件对象. addEventListener（事件类型. 事件名称，事件响应函数名称）；

```
function 事件响应函数名称(e:事件类型)
{
    //此处是为响应事件而执行的动作。
}
```

若是对时间轴添加事件，则使用 this 代替接收事件对象或省略不写。

5. 算法分析

设一个变量 index，要让 index 在 0 ~ n - 1 之间从小到大循环变化，则可使用如下算法。

```
index + +;      //"+ +"表示 index = index +1,即变量自加 1
index = index % n;  //"%"表示取余数
```

若要让 index 在 0 ~ n - 1 之间从大到小循环变化，则使用如下算法。

```
index + = n -1; //"+ ="是 index = index +(n -1)的缩写形式
index = index % n;
```

7.3.2　典型案例 1——精美时钟

本案例将制作一个日常生活中常见的物品——时钟，它不但具有漂亮的外观，而且可以精确指出当前的时间。时钟设计的控制代码较少，且简单易懂，是作为 ActionScript 3.0 入门学习的最佳选择。设计思路包括制作时钟外壳和阴影，制作表盘元素，制作指针和转轴，绘制玻璃罩。最终设计效果如图 7-1 所示。

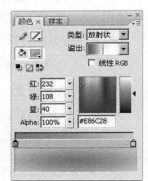

图 7-1　精美时钟的最终设计效果

具体的操作过程如下。

1. 创建图层

1）新建一个 Flash 文档，文档属性使用默认参数。

2）创建 9 个图层，从上到下依次重命名为"AS3.0"层、"玻璃罩"层、"转轴"层、"秒针"层、"分针"层、"时针"层、"表盘"层、"外壳"层和"阴影"层。

2. 制作时钟外壳

1）选择"外壳"层，利用"椭圆"工具在舞台中绘制一个宽高为"200 像素 ×200 像素"的圆形，在"颜色"面板中设置其笔触为"无"，填充颜色的类型为"放射状"，从左至右第 1 个色块颜色为"#E86C28"，第 2 个色块颜色为"#FFD8C0"，如图 7-2 所示。

2）利用"对齐"面板将绘制的圆形与舞台居中对齐，然后使用"渐变变形"工具调整填充量的大小和中心位置。

3）复制所绘制的圆形，粘贴到当前位置，调整其宽高为"170 像素 ×160 像素"并与舞台居中对齐，使用"渐变变形"工具调整其填充中心到左上角。

4）再次执行一次粘贴操作创建第 3 个圆形，调整其宽高为"160 像素 × 160 像素"，并与舞台居中对齐，设置其填充颜色为"#FFCC00"。

5）使用"矩形"工具在舞台上方绘制一个宽高为"25 像素 ×10 像素"的矩形，设置其笔触颜色为"无"，填充颜色为"放射状"，调色器中的设置与图 7-2 中的设置相同。保持相同的设置，再绘制一个宽高为"8 像素 ×20 像素"的矩形。分别将两个矩形与舞台水平居中对齐，然后将两个矩形上下组合到一起。

图 7-2　设置填充颜色

6）保持相同的笔触和填充设置，在舞台右侧绘制一个宽高为"10 像素 ×100 像素"的矩形，并使用"选择"工具将矩形的顶部调整成弧形。

7）使用"椭圆"工具在矩形上绘制一个宽高为"105 像素 ×90 像素"的椭圆，利用"选择"工具双击椭圆图形进入其内部，选择将椭圆下半部分删除，利用"渐变变形"工具将填充中心移到剩余部分的中心。

8）将矩形与椭圆的中心对齐后，组合在一起，然后将其顺时针旋转 35°。

9）再使用"椭圆"工具绘制一个宽高为"80 像素 × 50 像素"的椭圆，使用"渐变变形"工具将填充中心移到右下角，然后将其顺时针旋转 45°，效果如图 7-3 所示。

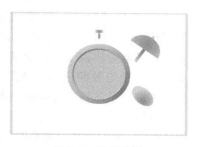

图 7-3　绘制椭圆

10）利用"选择"工具同时选择右侧的两个对象，按"Alt"键在舞台左侧复制一组图形，然后选择【修改】／【变形】／【水平翻转】菜单命令。

11）同时选择圆形外壳周围的 5 个元素，然后选择【修改】／【排列】／【移至底层】菜单命令，最后调整各元素的位置。

3. 制作阴影效果

1）选择"阴影"层。使用"椭圆"工具绘制一个宽高为"265 像素 × 40 像素"的椭圆，在"颜色"面板中设置笔触颜色为"无"，填充颜色为"放射状"，左侧色块颜色为"#666666"，右侧色块为"#666666"且其 Alpha 值为"0%"，如图 7-4 所示。

2）使用"渐变变形"工具调整其填充形状，并调整椭圆的位置，如图 7-5 所示。

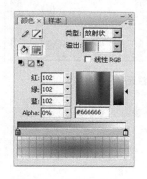

图 7-4　设置填充颜色

图 7-5　调整填充形状和椭圆位置

4. 制作表盘元素

1）选择图层"表盘"，选择"直线"工具，设置笔触高度为"1"，按住"Shift"键绘制一条水平直线，利用"对齐"面板将其与舞台居中对齐，然后打开"变形"面板，将旋转角度设为"6°"，单击复制按钮并应用变形，复制出一圈刻度线，如图 7-6 所示。

2）选择"椭圆"工具，将填充设为"无"，绘制出两个直径分别为"155 像素"和"145 像素"的圆形并与舞台居中对齐，效果如图 7-6 所示。

3）选择"表盘"图层的所有直线和圆，按"Ctrl + B"组合键将其分离，然后将周围和内部的直线段以及圆周线段删除，最终剩下时钟的刻度线。选择整点方向的刻度线，将其笔触高度设为"4"。

4）选择"文本"工具，设置字体为"Arial"，大小为"18"，颜色为"黑色"，在舞台中分别输入数字"1"到"12"并调整其位置，如图 7-7 所示。

图 7-6　复制刻度线

5. 制作指针和转轴

1）选择"时针"图层，选择"多角星形"工具，在"属性"面板中单击"选项"按钮，打开"工具设置"对话框，设置边数为"3"，绘制一个高为"6.5 像素"的三角形，设置笔触颜色为"无"，填充颜色为"#FF6666"，然后复制、粘贴到当前位置并水平翻转，调整位置使两个三角形底边重合，调整复制后的三角形的填充颜色为"#FF9900"；最后调整三角形顶点。

图 7-7　表盘的设置

2）选择绘制的指针，按"F8"快捷键将其转换为名为"指针"的影片剪辑元件，转换时将其注册点设在下方，如图 7-8 所示。调整指针位置，将图形最下端位于表盘中心，并在"属性"面板中设置其名称为"hand_hour"，如图 7-9 所示。

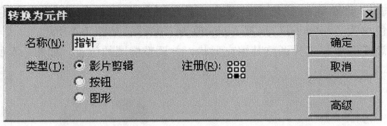

图 7-8　转换元件并设置注册点

图 7-9　设置元件实例名称

3）复制"指针"元件，选择"分针"图层，将元件粘贴到当前位置，然后适当增加其长度并减小其宽度，调整过程中保证元件最下端位于表盘中心。最后设置其名称为"hand_minute"。

4）选择"秒针"图层，选择"直线"工具，从表盘中心向上绘制一条直线，设置直线颜色为"红色"，笔触高度为"2"。按"F8"快捷键将其转换为名为"秒针"的影片剪辑元件，同样设置注册点位于下方。最后设置其名称为"hand_second"。

5）选择图层"转轴"，选择"椭圆"工具，绘制一个宽高为"10 像素×10 像素"的圆形，设置其笔触颜色为"无"，填充颜色为"#FF9900"并与舞台居中对齐。再绘制一个宽高为"4 像素×4像素"的圆，设置其填充颜色为"白色"并与舞台居中对齐，完成转轴绘制，如图 7-10 所示。

图 7-10　完成转轴绘制

6．绘制玻璃罩

1）选择"玻璃罩"图层，使用"椭圆"工具，在舞台中绘制一个宽高为"165 像素 × 165 像素"的圆，在"颜色"面板中设置其笔触颜色为"无"，填充颜色为"放射状"，从左至右第 1 个色块颜色为"白色"，且其 Alpha 值为"0%"，第 2 个色块颜色为"白色"，且其 Alpha 值为"60%"。

2）利用"对齐"面板将圆与舞台居中对齐，利用"渐变变形"工具调整其填充中心和大小。

3）复制圆并粘贴到当前位置，调整其宽高为"150 像素 × 150 像素"并与舞台居中对齐，在"颜色"面板中将第 1 个色块向右移动一点位置，如图 7-11 所示。使用"渐变变形"工具调整填充中心和大小，如图 7-12 所示。

图 7-11　调整色块位置　　　　图 7-12　调整填充中心和大小

4）最后同时选中两个圆，按"Ctrl + B"组合键将其分离，使两圆组合到一起形成玻璃罩。

7．输入控制代码

1）选择图层"AS3.0"第 1 帧，按"F9"快捷键打开"动作"面板，在此输入控制代码。

2）初始化变量并得到当前时间。

```
//初始化时间对象,用于储存当前时间
var.now:Date = new Date();
//获取当前时间的小时数值
var.hour:Number = now.getHours();
//获取当前时间的分钟数值
var.minute:Number = now.getMinutes();
//获取当前时间的秒数值
var.second:Number = now.getSeconds();
```

3）计算各指针的旋转角度。

```
//计算时针旋转角度
var rad - h = hour% 12 * 30 + int(minute/2);
//计算分针旋转角度
var rad - m = minute * 6 + int(second/10);
//计算秒针旋转角度
var rad - s = second * 6;
```

4）设置各指针的旋转属性值。

```
//设置时针旋转属性值
Hand - hour.rotation = rad - h;
//设置分针旋转属性值
Hand - minute.rotation = rad - m;
//设置秒针旋转属性值
Hand - second.rotation = rad - s;
```

8．完成制作

最后在所有图层的第 2 帧处插入帧，保存并测试影片，一个精美的时钟制作完成。

通过本案例的学习，除了掌握一个时钟的制作步骤，还可以了解一些制作技巧，如阴影的绘制，表盘刻度线的制作，玻璃效果的制作等。通过控制代码可以掌握对象的初始化、方法的调用、属性值的设置等。

7.3.3　典型案例 2——时尚 MP3

本案例将制作一款具有时尚外观的 MP3 播放器，用它可以播放本地音乐或网络歌曲，播放过程中将显示音乐的加载进度和播放进度。此款 MP3 播放器还具有控制音量的大小、暂停或重新播放音乐、选择上一首或下一首音乐等功能。设计思路有设计外壳、制作倒影、设计按钮及界面元素、添加控制代码。最终的设计效果如图 7-13 所示。

图 7-13　时尚 MP3 的最终设计效果

具体的操作步骤如下。

1．创建图层

1）新建一个 Flash 文档，文档属性使用默认参数。

2）创建 8 个图层，从上到下依次重命名为 "AS3.0" "播放进度" "加载进度" "控制按钮" "屏幕圆盘" "光影效果" "外壳" "倒影"。

2．设计 MP3 外壳

1）选择 "外壳" 图层，使用 "基本矩形" 工具绘制一个宽高为 "178 像素×247 像素" 的矩形，在 "属性" 面板中设置其 "圆角" 参数为 "19"，其属性设置如图 7-14 所示。

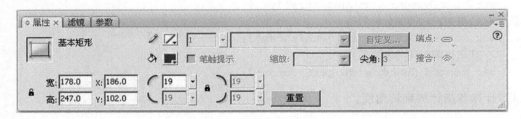

图 7-14　MP3 外壳属性设置

2）"颜色" 面板中，设置矩形笔触颜色为 "无"，填充颜色类型为 "线性"，从左至右第 1 个色块颜色为 "#1E2128"，第 2 个色块颜色为 "黑色"，如图 7-15 所示。

3）使用 "渐变变形" 工具调整填充方向和位置，如图 7-16 所示。然后选择 "选择" 工具双击矩形将其转换为 "绘制对象"。最后利用 "对齐" 面板将矩形与舞台水平居中对齐，以方便后面各组成元素的摆放。

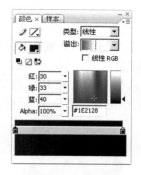

图 7-15　设置填充颜色　　　　　图 7-16　调整填充方向和位置

3. 设计外壳光影效果

复制已绘制的矩形，然后选择"光影效果"层，将矩形粘贴到当前位置，调整其填充颜色如图 7-17 所示。在"颜色"面板中设置从左至右第 1 个色块和第 4 个色块颜色为"白色"且其 Alpha 值为"40%"，第 2 个色块和第 3 个色块颜色为"白色"且其 Alpha 值为"0%"。

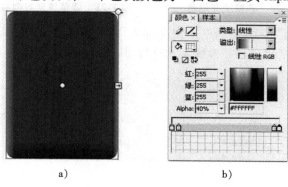

a)　　　　　　　　　　　　b)

图 7-17　设计光影效果

a）填充效果　b）调色器设置

4. 设计倒影效果

1）同时选择并复制舞台中的两个矩形，然后选择"倒影"图层，并将复制内容粘贴到当前位置，保持其选择状态，选择【修改】／【变形】／【垂直翻转】菜单命令将其上下翻转，最后使用向下方向键调整其位置。

2）利用"矩形"工具绘制一个笔触为"无"，填充颜色为"线性"的矩形，覆盖在倒影上，调整渐变位置和方向如图 7-18 所示。在"颜色"面板中设置 从左至右第 1 个色块颜色为"白色"且其 Alpha 值为"0%"，第 2 个色块颜色为"白色"，如图 7-19 所示。

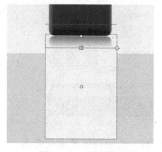

图 7-18　绘制矩形　　　　　　图 7-19　调整"矩形"填充颜色

5. 设计屏幕和按钮圆盘

1）选择"屏幕圆盘"图层，使用"基本矩形"工具绘制一个宽高为"65 像素×150 像素"的矩形，其圆角为"6"，在"颜色"面板中设置笔触颜色为"#CCCCCC"，笔触高度为"1"，填充颜色类型为"线性"，从左至右第 1 个色块颜色为"#0273E3"，第 2 个色块颜色为"#1C8CFD"，如图 7-20 所示。最后调整其填充方向和矩形位置如图 7-21 所示。

图 7-20　调整填充颜色　　　　图 7-21　调整填充方向和位置

2）使用"基本椭圆"工具绘制一个宽高均为"110 像素"的圆形，在【属性】面板中设置其填充颜色为"#32353A"，内径参数为"37"，其属性设置如图 7-22 所示。

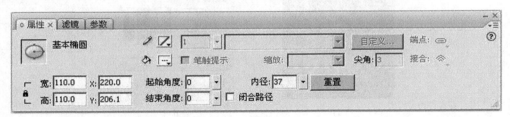

图 7-22　设置圆形属性参数

3）利用"选择"工具分别双击绘制的矩形和圆形，将其转换为"绘制对象"。屏幕的设计效果如图 7-23 所示。

6. 制作控制按钮

1）选择填充"控制按钮"，使用"椭圆"工具在按钮圆盘中心绘制一个与圆盘内圆大小相同的圆形，在"颜色"面板中设置其笔触颜色为"无"，填充颜色类型为"放射状"，从左至右第 1 个色块颜色为"#666666"，第 2 个色块颜色为"#1C1E20"，如图 7-24 所示。然后使用"渐变变形"工具调整其中心位置到左上角。

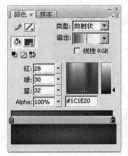

图 7-23　屏幕的设计效果　　　　图 7-24　为按钮设置填充颜色

2）利用"选择"工具选择绘制的圆形，按"F8"快捷键将其转换名称为"播放暂停"的按钮元件，然后双击元件进入其内部编辑。

3）在图层中的"按下"帧插入关键帧，使用"渐变变形"工具调整其中心位置到右下角。

4）新建"图层2"，使用"多角星形"工具和"矩形"工具绘制出播放暂停的图形，其笔触为"无"，填充颜色为"白色"，如图7-25所示。

5）选择绘制的图形，按"F8"快捷键将其转换为影片剪辑元件，使用默认名称，然后分别在"图层2"的"指针经过"和"按下"帧插入关键帧，选择"指针经过"帧中的元件，在"属性"面板中设置其颜色参数。在"滤镜"面板中添加一个发光特效，设置发光颜色为"#9900CC"。

6）选择"按下"帧中的元件，在"滤镜"面板中为其添加一个发光特效，设置发光颜色为"#9900CC"，然后将元件向右下角移动一点位置。

7）在"点击"帧插入空白关键帧，使用"矩形"工具绘制一个鼠标感应区，完成后各帧中的按钮状态如图7-26所示。

图 7-25　绘制播放暂停图形

图 7-26　各帧按钮状态

8）返回主场景，使用绘图工具在按钮圆盘左侧绘制出"上一首"按钮的图形。

9）选择绘制的图形，按"F8"快捷键将其转换名称为"上一首"的按钮元件，然后双击元件进入其内部，再次选择所绘制图形，按"F8"快捷键将其转换为影片剪辑元件，使用默认名称，以便设置颜色参数和添加滤镜。

10）使用与制作"播放暂停"按钮相同的方法，分别在"指针经过"帧设置其颜色参数并添加发光滤镜；在"按下"帧添加发光滤镜，但不移动位置；在"点击"帧绘制鼠标感应区。

11）返回主场景，使用同样的方法可制作"加音量"按钮和"减音量"按钮，并将"上一首"按钮复制再左右翻转后放于按钮圆盘右侧。

7. 设计屏幕元素

1）选择图层"加载进度"，使用"矩形"工具在屏幕中绘制一个宽高为"130像素×5像素"的矩形，设置其笔触颜色和填充颜色都为"白色"，笔触高度为"1"，如图7-27所示。然后选择填充，按"F8"快捷键将其转换名称为"加载进度"的影片剪辑元件，转换时将其注册点设在左侧。

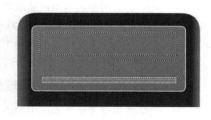

图 7-27　绘制矩形屏幕

2）复制"加载进度"元件，选择"播放进度"层，将其粘贴到当前位置，按"Ctrl + B"组合键将其分离成图形，再按"F8"快捷键将其转换名称为"播放进度"的影片剪辑元件，同样将其注册点设在左侧。

3）双击"播放进度"元件进入其内部，在"颜色"面板中设置填充颜色为"线性"，从左至右第 1、3、5 色块颜色为 "#FF00FF"，第 2、4 色块颜色为 "#FD92FE"。然后使用 "渐变变形" 工具调整填充方向为从上到下填充。

4）返回主场景，使用 "文本" 工具，将文本类型设为 "动态文本"，分别在屏幕的顶部和右下角添加一个文本框，设置顶部文本框的字体为 "黑色"，大小为 "18"，颜色为 "#D200A7" 并 "加粗"。设置右下角文本框的字体为 "Arial"，大小为 "12"，颜色为 "白色"。

8. 为元件添加实例名称

1）选择 "播放暂停" 按钮元件，在 "属性" 面板中设置其实例名称为 "play-pause-btn"。

2）使用同样的方法设置其他元件的实例名。

注意：设置实例名称时，由于 "播放进度" 元件和 "加载进度" 元件重合在一起不便选择，所以应使用图层的锁定和隐藏功能选择正确的元件进行实例名称的设置。

9. 输入控制代码

1）选择图层 "AS3.0" 第 1 帧，按 "F9" 快捷键，打开 "动作" 面板，在此输入控制代码。

2）首先定义将要用到的变量和类的实例。

```
//定义用于存储所有音乐地址的数组,可根据需要更换或增加音乐地址
var musics:Array = new Array("music.mp3";
"http://www.jste.net.cn/train/files_upload/undefined/J7.mp3",
http://www.chinasanyi.com/mp3/3.mp3)
//定义用于存储当前音乐流的 Sound 对象
var music_now:Sound = new Sound();
//定义用于存储当前音乐地址的 URLRequest 对象
var musicname_now:URLRequest = new URLRequest();
//定义用于标识当前音乐地址在音乐数组中的位置
var index:int = 0;
//定义用于控制音乐停止的 SoundChannel 对象
var channel:SoundChannel;
//定义用于控制音乐音量大小的 SoundTransform 对象
var trans:SoundTransform = new SoundTransform();
//定义用于存储当前播放位置的变量
var pausePosition:int = 0;
//定义用于表示当前播放状态的变量
var playingState:Boolean;
//定义用于存储音乐数组中音乐个数的变量
var totalmusics:uint = musics.length;
```

3）初始化操作，对各实例进行初始化，并开始播放音乐数组中第 1 首音乐。

```
//初始设置小文本框中的内容,即当前音量大小
Volume_txt.text = "音量:100%";
//初始设置大文本框中的内容,即当前音乐地址
Musicname_txt.text = musics[index];
//初始设置当前音乐地址
Musicname_now.url = musics[index];
```

```
//加载当前音乐地址所指的音乐
music-now.load(musicname_now);
```

//开始播放音乐并把控制权交给 SoundChannel 对象,同时传入 SoundTransform 对象用于控制音乐音量的大小

```
channel = music_now.play(0,1,trans);
```

//设置播放状态为真,表示正在播放

```
playingState = true;
```

4）播放过程中设置"加载进度"元件和"播放进度"元件的宽度，用于表示当前音乐的加载进度和播放进度。

```
//添加 EnterFrame 事件,控制每隔"1/帧频"时间检测一次相关进度
addEventListener(Event.ENTER_FRAME,onEnterFrame);
//定义 EnterFrame 事件的响应函数
function onEnterFrame(e)
(
    //得到当前音乐已加载部分的比例
    var loadedLength:Number = music-now.bytesLoaded/music_now.bytesTotal;
    //根据已加载比例设置"加载进度"元件的宽度
    loaded_mc.width = 130 * loadedLength;
    //计算当前音乐的总时间长度
    Var estimatedLength:int = Math.ceil(music-now.length/loadedLength);
    //根据当前播放位置在总时间长度中的比例设置"播放进度"元件的宽度
    Jindutiao_mc.width = 130 * (channel.position/estimatedLength);
}
```

5）添加"播放暂停"按钮上的控制代码。

```
//为"播放暂停"按钮添加鼠标单机事件
Play_pause_btn.addEventListener(MouseEvent.CLICK,onPlaypause);
//定义"播放暂停"按钮上的单机响应函数
Function onPlaypause(e)
{
//判断是否处于播放状态
If(playingState)
{
//为真,表示正在播放
//储存当前播放位置
pausePosition = channel.position;
//停止播放
Channel.stop();
//设置播放状态为假
playingState = false;
}else
{
//不为真,表示已暂停播放
//从存储的播放位置开始播放音乐
channel = music_now.play(pausePosition,1,trans);
```

```
//重新设置播放状态为真
playingState = true;
}
}
```

6) 添加选择播放上一首音乐的代码。

```
//为按钮添加事件
Prev_btn.addEventListener(MouseEvent.CLICK,onPrev);
//定义事件响应函数
Function onPrev(e)
{
//停止当前音乐的播放
Channel.stop();
//计算当前音乐的上一首音乐的序号
index + = totalmusics - 1;
index = index% totalmusics;
//重新初始化 Sound 对象
music_now = new Sound();
//重新设置当前音乐地址
musicname_now.url = musics[index];
//重新设置大文本框中的内容
musicname_txt.text = musics[index];
//加载音乐
music_now.load(musicname_now);
//播放音乐
//channel = music_now.play(0,1,trans);
//设置播放状态为真
playingState = true;
}
```

7) 添加选择播放下一首音乐的代码。

```
next_btn.addEventListener(MouseEvent.CLICK,onNext);
function onNext(e);
{
    channel.stop();
    index + +;
    index = index% totalmusics;
    music_now = new Sound();
    musicname_now.url = musics[index];
    musicname_text,textl = musics[index];
    muaic.now.load(musicname_now);
    cannel = music_now.play(0,1,trans);
    playingState = true;
}
```

8）添加增加音量的控制代码。

```
jia_btn.addEventListener(MouseEvent.CLICK,onJia);
Function onJia(e)
{
    //增加 0.05,即 5%
    Trans.volume + = 0.05;
    //控制音量最大为 3,即 300%
    if(trans.volume > 3)
    {
        trans.volume = 3;
    }
    //传入参数使设置生效
    channel.soundTransform = trans;
    //重新设置小文本框中的内容,即当前音量大小
    volume_txt.text = "音量:" + Math.round(trans.volume * 100) + "% ";
}
```

9）添加降低音量的控制代码。

```
jian_btn.addEventListener(MouseEvent.CLICK,onJian);
function onJian(e){
    trans.volume - = 0.05;
    if(trans.volume < 0)
    {
        trans.volume = 0;
    }
    channel.soundTransform = trans;
    volume_txt.text = "音量:" + Math.round(trans.volume * 100) + "% ";
}
```

10）保存 Flash 文件，复制一个 MP3 文件到 Flash 原文件的保存位置，并重命名为"music. mp3"，然后测试影片，一个具有时尚外观的 MP3 播放器就制作完成，用它便可以播放喜爱的本地音乐或网络歌曲。

通过本案例的学习，不但可以学会一个时尚 MP3 播放器的制作，而且可以学到一些常见立体特效的制作方法，如边缘光影效果、立体倒影效果等。通过控制代码可以学到对声音的控制方法，以及控制加载进度、播放进度等的方法。

7.4　综合实例——记忆游戏

记忆游戏的原理是利用一个人的记忆力，记住翻开卡片的图案，然后找出与之图案相同的卡片以消除。在此实例的制作过程中，将会展示 ActionScrip 3.0 面向对象的编程思想，所有的操作封装到一个类中，并以文件的形式保存在外部。这样不但可以在扩展类的功能方面更加方便，而且可以使整个程序的运行逻辑更加清晰。设计思路包括设计背景、设计界面元素、添加控制代码，设计效果如图 7-28 所示。

图 7-28　记忆游戏设计效果

具体的制作过程如下。

1. 创建图层

1）新建一个 Flash 文档，设置帧频为"60"，其他文档属性使用默认参数。

2）新建 3 个图层，从上到下依次重命名为"AS3.0"层、"元素"层和"背景"层。

2. 制作背景

1）选择"背景"图层，选择【文件】/【导入】/【导入到舞台】菜单命令，导入教学资源包中的素材\第七章\记忆游戏\记忆游戏背景.jpg 文件，设置其宽高为"550 像素×400 像素"并与舞台居中对齐。

2）使用"基本矩形"工具绘制一个宽高都为"326 像素"的矩形，设置其笔触颜色为"#666666"，笔触高度为"3"，填充颜色为"无"，圆角参数为"10"，位置坐标 x、y 分别为"112""52"。

3）同时选中背景图片和矩形，按"Ctrl + B"组合键将其分离，然后单独选择矩形框内部的图片区域，按"F8"快捷键将其转换为影片剪辑元件。打开"属性"面板，在"颜色"下拉列表中选择"Alpha"选项并设置其值为"15%"。

3. 添加界面元素

1）选择【文件】/【导入】/【打开外部库】菜单命令，打开教学资源包中的素材\第七章\记忆游戏\记忆游戏素材库.fla 文件，按"Ctrl"键的同时选择"Click. mp3""Match. mp3""卡片""开始""重来一次"5 个素材并拖到"库"中。

注意：其中"Click. mp3"和"Match. mp3"分别为翻转卡片和消除卡片时播放的声音；"卡片"为游戏中使用的卡片，它有两个图层"背景"和"图案"，在"图案"图层的每个关键帧上都有一个不同的图案，共 18 个图案；"开始"和"重来一次"分别用做开始和结束时的按钮。

2）选择"元素"图层第 1 帧，将"开始"元件拖到舞台，放置在矩形框下并左右居中对齐。然后在"属性"面板中设置其实例名称为"play_btn"。

3）使用"文本"工具在舞台中分别写上标题和游戏说明并左右居中。可以根据个人喜好设置文字属性。

4）在"元素"图层的第 2 帧处插入空白关键帧，新建一个影片剪辑元件，并命名为"游戏主体对象"，单击"确定"按钮进入元件内部进行编辑。

5）选择"文本"工具，文本类型选择"动态文本"，单击舞台放入一个文本框，利用"选择"工具选中文本框，在"属性"面板中设置其字体为"Times New Roman"，字体大小为"25"，颜色为"#0033CC"，加粗并选择"居中对齐"。然后调整其宽为"200 像素"，位置坐标 x、y 分别为"175""10"。最后设置其实例名称为"gameTime_txt"。

6）返回主场景，将元件"游戏主体对象"拖到舞台中并调整其位置坐标 x、y 都为"0"。

7）在"背景"图层第 3 帧处插入空白关键帧，在"元素"图层第 3 帧处插入空白关键帧，将元件"重来一次"拖到舞台中，放置在矩形框下并左右居中对齐。然后在"属性"面板中设置其实例名称为"playAgain_btn"。

8）利用"文本"工具在舞台中设置一个文本框，在"属性"面板中设置其字体大小为"40"，其他属性保持先前的设置。然后调整其宽为"300 像素"，位置坐标 x、y 都为"125"，最后设置其实例名称为"showscore"。

4．添加帧标签

1）在"AS3.0"图层第 2 帧处插入关键帧，选中该帧，在"属性"面板中设置其帧标签为"playgame"，如图 7-29 所示。

图 7-29　添加帧标签为"playgame"

2）同样，在"AS3.0"图层第 3 帧处插入关键帧，设置帧标签为"result"。

5．添加帧上的控制代码

1）选中"AS3.0"图层第 1 帧，打开"动作"面板，输入开始游戏的控制代码。

```
var gameScore:String = "";//定义用于储存游戏结果的变量
play_btn.buttonMode = true;//设置为真,以便鼠标放在"开始"元件上时显示为手形
Play_btn.addEventListener(MouseEvent.CLICK,startGame);//添加事件
//事件响应函数
function startGame(even:MouseEvent)
.0.
{
    gotAndStop("playgame");//跳转到"playgame"帧,即第 2 帧
}
```

```
     Stop();//该帧停止,以便接收用户的单击事件
     Stop();   //该帧停止,以便接收用户的单击事件
```

2）选中"AS3.0"图层第3帧,在"动作"面板输入游戏结束时的控制代码。

```
showScore.text = gameScore;//显示游戏结果
     playAgain_btn.buttonMode = true;
     playAgain_btn.addEvenListener(MouseEvent.CLICK,playAgain);//添加事件
     //事件响应函数
     function playAgain(event:MouseEvent)
     {
         gotoAndStop("playgame");//返回"playgame"帧
     }
```

6. 添加"卡片"元件动画代码

1）保存该Flash文件,并记住原文件的保存位置。打开"库"面板,用鼠标右键单击"卡片"元件,选择"链接"命令,在打开的"链接属性"对话框中勾选"为ActionScript导出"复选框,同时勾选"在第一帧导出"复选框,然后在"类"后输入类名"Card",如图7-30所示。

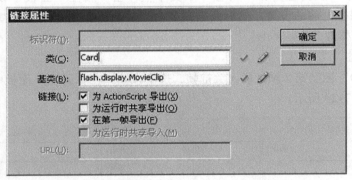

图7-30　在"链接属性"对话框中设置参数

2）单击"确定"按钮,若弹出提示对话框,也同样单击"确定"按钮使设置生效。

3）选择【文件】/【新建】菜单命令,选择"ActionScript文件",单击"确定"按钮新建一个代码文件,在这里输入代码用于扩展"Card"类的功能。

```
     Package   //声明包
     {
         import flash.display.*;//导入显示包中所有类
         import flash.events.*;//导入事件包中所有类

         public dynamic class Card extends MovieClip //定义Card类
         {
             private var flipStep:uint;//用于储存翻转步数
             private var isFlipping:Boolean = false;//用于储存翻转状态
             private var flipToFrame:uint;//用于储存卡片翻转完成后显示的帧
             //方法"开始翻转",需要传入翻转完成后显示帧的数值
             public function startFlip(flipToWhichFrame:unit)
```

```
        {
            isFlipping = true;//设置翻转状态
            flipStep = 10;//设置翻转步数
            flipToFrame = flipToWhichFrame;//设置翻转完成后显示的帧
            //添加事件,以执行翻转动画
            this.addEventListener(Event.ENTER_FRAME,flip);
        Public function flip(event:Event)//翻转动画
        {
            flipStep - -;//每执行一次,翻转步骤减1
            if(flipstep >5)//前一半时间,卡片先变小
            {
                this.scaleX = .20 * (flipStep - 6);
            }
            Else
            {
            if(flipStep = =5)//在翻转过程中间将卡片设为完成翻转后要显示的帧
            {
                gotoAndStop(flipToFrame);
            }
            if(flipStep = =0)//翻转完成,设置翻转状态并移除事件
            {
                isFlipping = false;
                this.removeEventListener(Event.ENTER_FRAME,flip);
            }
        }
    }
}
```

4) 保存该代码文件到 Flash 原文件所在的目录,并设置文件名必须为类的名称"Card"。

7. 添加游戏主体控制代码

1) 在"库"面板中,鼠标右键单击"Click. mp3",选择"链接"命令,在"链接属性"对话框中勾选"为 ActionScript 导出"复选框,然后设置其类名为"ClickSound"。

2) 使用同样的方法设置"Match. mp3"的类名为"MatchSound";设置元件"游戏主体对象"的类名为"MemoryGameObject"。

3) 新建一个代码文件并以"MemoryGameObject"为文件名保存到 Flash 原文件所在目录,在这里输入游戏主体的控制代码。

```
Package //声明包
{
    //导入将要用到的系统包和类
    import flash.display.*;
    import flash.events.*;
    import flash.text.*;
    import flash.utils.getTimer;
    import flash.utils.Timer;
    import flash.media.Sound;
```

```
        import flash.media.SoundChannel;

//类的定义
    public class MemoryGameObject extends MovieClip
    {
        //定义初始化时用到的常量
        private static const boardWidth:uint = 6;//卡片横向数量
        private static const boardHeigth:uint = 6;//卡片纵向数量
        //卡片横向所占空间
        private static const cardHorizontalSpacing:Number = 52;
        private static const cardVerticalSpacing:Number = 52;//卡片纵向所占
        空间
        private static const boardoffsetX:Number = 145;//摆放图片起始 X 位置
        private static const boardoffsetY:Number = 85;//摆放图片起始 Y 位置
        //定义程序运行时用到的变量
        private var firstCard:Card;//第 1 张被单击卡片的指针
        private var secondCard:Card;//第 2 张被单击卡片的指针
        private var cardLeft:uint;//剩余卡片的数量
        private var gameStartTime:uint;//游戏开始时刻
        private var gameTime:uint;//游戏已用时间
        private var leftTime:uint;//游戏剩余时间
    }
//初始化声音对象
var clicking:ClickSound = new ClickSound();//单击卡片时的声音
var matching:MatchSound = new MatchSound();//两卡片相同并消失时的声音

//类的初始化函数
public function MemoryGameObject():void
{
    //初始化卡片序号
    var cardlist:Array = new Array();//存储卡片序号的数组
    for(var i:uint = 0; i < boadWidth * boardHeight /2;i + +) //存入卡片序号
    {
        cardlist.push(i);
        cardlist.push(i);
    }
}
//摆放卡片
cardsLeft = 0;//舞台中现有(剩余)卡片数量,初始为 0
for(var x:uint = 0;x < boardWidth;x + +)//横向循环
{
    for(var y: uint = 0;y < boardWidth;y + +)//纵向循环
    {
        var c:Card = new Card();//生成一个 Card 类的实例
        c.stop(); //使其停在第 1 帧
```

```
            c.x = x * cardHorizontalSpacing + boardOffsetX;//摆放位置 X
            c.y = y * cardHorizontalSpacing + boardOffsetY;//摆放位置 Y
            //计算得到 0 至卡片个数之间一个随机值
            Var r:uint = Math.floor(Math.random() * cardlist.length);
            //将随机值所指卡片序号存于卡片的 cardface 属性中
            c.cardface = cardlist[r];
            cardlist.splice(r,1); //从卡片序号数组删除已分配的序号
            //添加卡片上的单击事件
            c.addEventListener(MouseEvent.CLICK,clickCard);
            c.buttonMode = true;//设置鼠标位于卡片上时显示为手形
            addChild(c);//将卡片添加到舞台
            cardsLeft + + ;//舞台中现有(剩余)卡片数量加 1
        }
    }
    gameStartTime = getTimer();//得到有效开始时刻
    gameTime = 0;//初始设置游戏已用时间
    //添加 EnterFrame 事件,用于循环改变游戏时间
    addEventListener(Event.ENTER_FRAME,showTime);
}
//单击卡片的响应函数
public function clickCard(event:MouseEvent)
{
    var thisCard:Card = (event.target as Card); //得到当前被单击的卡片
    //以下为游戏的判断逻辑
    if(firstCard = = null)//当第 1 张卡片指针为空时
    {
        firstCard = thisCard;//当第 1 张卡片指针指示当前被单击卡片
        thisCard.startFlip(thisCard.cardface +2);//对当前单击的卡片进行翻转
        playSound(clicking);//播放单击声音
    }
    else
    {
        if(firstCard = = thisCard) //若当前单击的正是第 1 指针所指卡片
        {
            firstCard.startFlip(thisCard.cardface +2);//进行翻转
            if(secondCard!  = null)//第 2 张卡片指针不为空
            {
                secondCard.starFlip(1);//将其翻转到背面
                secondCard = null;//设置指针为空
            }
        playSound(clicking);//播放单击声音
}

        else if(thisCard.cardface = = firstfirstCard.cardface)//两卡片相同
        {
            if (secondCard!  = null)//若第 2 指针不为空
```

```
    {
            secondCard.starFlip(1);//将其翻转到背面
    }
    playSound(matching);//播放消失声音
    removeChid(firstCard);//消除第1指针所指卡片
    removeChid(thisCard);//消除当前单击卡片
    firstCard = null;//设置第1指针为空
    secondCard = null;//设置第2指针为空
    cardsLeft - = 2;//舞台现有(剩余)卡片数量减2
    if(cardsLeft = = 0;//若现有(剩余)卡片数量为0
    {
            //移除 EnterFrame 事件停止计时
            removeEventListener(Event.ENTER_FRAME,showTime);
            //根据所剩时间确定并设置得分
            MovieClip(root).gameScore = "得分:" + leftTime;
            //跳转到显示结果帧
            MovieClip(root).gotoAndStop("result");
    }

}
else if(secondCard = =null)//第2指针为空
{
    thisCard.startFlip(thisCard.cardface +2);//翻转当前单击卡片
    secondCard = firstCard;//第2指针指示第1指针所指卡片
    firstCard = thisCard;//第1指针指示当前单击卡片
    playSound(clicking);//播放单击声音
}
    ese if(thisCard = = secondCard)//当前单击的为第2指针所指卡片
    {
            thisCard. startFlip(thisCard.cardface +2);//翻转当前单击卡片
            firstCard. startFlip(1);//第1指针所指卡片翻转到背面
            firstCard = thisCard;//第1指针指示当前单击卡片
            secondCard =null;//第2指针设置为空
            playSound(clicking);//播放单击声音

    }
    else//除以上情况,则已有2张卡片翻转开,现单击第3张未翻转的卡片
        {
                firstCard. startFlip(1);//第1指针所指卡片翻转到背面
                secondCard. startFlip(1);第2指针所指卡片翻转到背面
                thisCard. startFlip(thisCard.cardface +2);//翻转当前单击
                卡片
                firstCard = thisCard;//第1指针指示当前单击卡片
                secondCard =null;//第2指针设置为空
                playSound(clicking);//播放单击声音

        }

    }
```

```
        }
        // 循环改变游戏时间的响应函数
        public function showTime(event:Event)
    {
        // 当前时间减去游戏开始时间得到游戏已用时间
        gameTime = getTimer() - gameStartTime;
        // 剩余事件为120s减已用时间
        leftTime = 120000 - gameTime;
        // 在gameTime_txt文本框中显示剩余时间
        gameTime_txt.text = "剩余时间:" + clockTime(leftTime);
        if(leftTime < =500)// 若时间小于0.5s
        {
            // 移除EnterEvenListener(Event.ENTER_FRAME,showTime);
            // 将时间轴中的得分变量设为"Game Over"
            MovieClip(root).gameScore = "Game Over"
            MovieClip(root).gotoAndStop("result");
        }
    }
// 将时间换算成分秒的形式
    public function clockTime(ms:int
    {
        var seconds:int = Math.floor(ms/1000);
        var minutes:int = Math.floor(seconds/60);
        seconds - = minutes * 60;
        // 将秒数加100后取后两位,可将0~9转换成00~09
    var timeString:String = minutes + ":" + String(seconds +100).substr(1,2);
    return timeString;
    }
    // 播放声音
    public function playtSound(soundObiect:Object)
        {
            var channel:SoundChannel = soundObiect.play();
        }
    }
}
```

8. 保存文件

最后保存代码文件和 Flash 原文件并测试影片，就可以让大脑开动起来，努力记住翻开的卡片，争取用最短的时间消除掉舞台中所有的卡片。

该实例充分展示了 ActionScript 的功能和作用，其中大部分功能和游戏逻辑都是由代码实现的，而且使用了 ActionScript 3.0 面向对象的思想，通过定义和扩展类的方法使得程序逻辑更加清晰。

注意： 外部代码文件中的类必须包含在包中。扩展类时，"链接属性" 中的类名、外部文件名和代码文件中的类名三者必须一致。对于游戏逻辑的分析，应尽量考虑到所有可能出现的情况。时间轴 EnterFrame 事件，第 2 次创建之前应先对其进行移除，否则可能同时有两个响应事件副本运行。

本章小结

　　通过本章内容的学习，可以了解并掌握 ActionScript 3.0 的编程思路和代码编写的方法，为开发复杂的 Flash 应用程序奠定基础。

　　在实例制作过程中，不但可以学会在 Flash 作品中常见的特殊效果的制作方法，还可以掌握以下常用的编程技巧和方法。

1) 时间的获取及表示方法。
2) 声音初始化、播放、停止、音量的控制等方法。
3) 数的循环、时间的换算、随机分布一些数组元素等技巧。
4) 事件的添加和使用方法。
5) 类的外部扩展及使用方法。

　　ActionScript 的功能远比本章所介绍的要强大，若想进一步研究使用 ActionScript 3.0 开发较大的应用程序或游戏，则需要参看 ActionScript 的相关资料，并在实践中掌握各种内置类的使用方法。

思考与练习

1. ActionScript 3.0 有哪些特点？
2. ActionScript 3.0 编程语言的基本语法有哪些？
3. ActionScript 3.0 中如何添加和移除事件？

第8章　组件的应用

组件是 Flash 中的重要部分，Flash 应用程序提供了较为常用的组件。使用组件可以帮助开发者将应用程序的设计过程和编码过程分开。即使完全不了解 ActionScript 3.0 的设计者也可以根据组件提供的接口来改变组件的参数，从而改变组件的相关特性，达到设计的目的。

通过组件中播放器组件的应用，可以快速地进行播放控制程序的开发，即使不使用任何绘图工具，也能制作出很好的播放器。

学习目标

☑ 掌握用户接口组件的使用方法
☑ 掌握视频控制组件的使用方法
☑ 掌握两种组件的配合使用方法
☑ 了解使用组件开发的整体思路

8.1　用户接口组件

了解应用程序开发的用户对用户接口组件一定不会陌生，大多数的应用程序开发工具都会提供此组件。虽然 Flash 开发的应用程序不能调用各种系统库函数，适用范围受限。但是使用组件开发的程序，可以在网页上满足用户的各种要求，如开发网页上的测试系统、Flash 播放器、购物系统等。

8.1.1　知识准备——初始用户接口组件

用户接口组件的应用范围十分广泛，操作也比较简单，被使用频率也非常高。在本节，将对其基本知识进行讲解。

1. 创建用户接口组件

1) 选择【窗口】／【组件】菜单命令，打开"组件"面板，如图 8-1 所示。面板分为两部分：用户接口组件部分和视频控制组件部分。

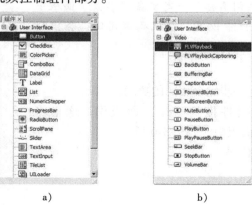

a)　　　　　　　　　b)

图8-1　"组件"面板

a) 用户接口组件　b) 视频控制组件

2）把"组件"面板中的组件拖到场景中，即可完成组件的创建。例如，将"Button"组件拖到场景中，如图 8-2 所示。

3）通过"参数"面板可以设置"Button"的"实例名称""label"等属性。这里设置其"实例名称"为"myButton"，"label"为"点我"，如图 8-3 所示。

图 8-2　创建"Button"组件

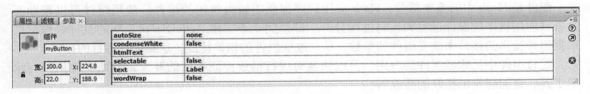

图 8-3　通过"参数"面板设置按钮参数

其中"实例名称"为代码控制该按钮时所用，"label"是"Button"上所显示的文字。设置完成后，如图 8-4 所示。

4）选择时间轴上的第 1 帧输入以下代码。

```
myButton.addEventListener(MouseEvent.CLICK,clickHandler);
function clickHandler(event:MouseEvent):void {
    trace("我被点击了!");
}
```

测试影片，当单击按钮时，在"输出"窗口中显示"我被点击了"，如图 8-5 所示。这便是一个最简单的创建组件并为其添加事件响应的效果。

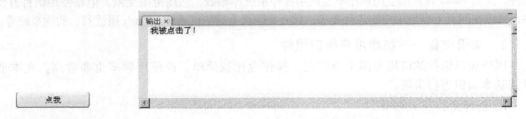

图 8-4　设置完成　　　　　　图 8-5　提示信息

注意：设置组件的"实例名称"一定要在"参数"面板中设置，如果在"属性"面板中设置，在代码调用时，会出现错误。

2. 使用代码创建组件

这里使用代码实现和上一步完全相同的功能。

1）首先将要使用的组件拖到"库"面板中，这里将"Button"组件拖到"库"面板中，如图 8-6 所示。

2）在第 1 帧输入以下代码。

```
import  fl.controls.Button;
//导入按钮组件
var myButton:Button = new Button();
//创建按钮实例
```

图 8-6　将"Button"组件拖到"库"面板中

```
addChild(myButton);
//将按钮实例加载到主场景中
myButton.label = "点我";
//设置按钮上的文字
myButton.move(200,200);
//设置按钮的位置
myButton.addEventListener(MouseEvent.CLICK,clickHandler);
//为按钮添加事件监听器
function clickHandler(event:MouseEvent):void {
Trace("我被点击了!");
}
//定义事件监听器的响应函数
```

测试影片，单击按钮，也会得到图 8-5 所示的提示信息，说明创建组件有两种方法。读者可以根据提供的代码和前面的操作进行对比，看看哪些操作和代码具有相同的功能。

8.1.2　典型案例——个人信息注册

在日常工作和娱乐中，在申请各种账号的时候，都需要填写各种信息注册表。Flash CS6 提供的组件可方便快捷地完成注册表的制作。设计思路包括：设计表格内容，使用组件布局表格，使用程序完成后台控制。设计效果如图 8-7 所示效果。

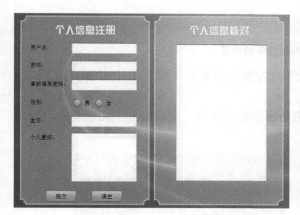

图 8-7　"个人信息注册"表格设计效果

具体操作步骤如下。

1. 背景制作

1）新建一个 Flash 文档，文档属性使用默认参数。

2）新建 5 个图层，并从上至下依次重命名为"代码"层、"组件"层、"文字"层、"框"层和"背景"层，效果如图 8-8 所示。

3）选中"背景"层，选择【文件】/【导入】/【导入到舞台】菜单命令，将教学资源包中的素材 \ 第八章 \ 背景 1. jpg 文件导入到舞台，设置图片宽高为"500 像素 × 400 像素"并与舞台居中对齐，此时的舞台效果如图 8-9 所示。

图 8-8　新建 5 个图层

图 8-9　导入背景图片

2. 制作背景框

1）为了作图方便，将"背景"层锁定。

2）在"框"图层上绘制背景框。选择"矩形"工具，在"属性"面板中设置笔触高度为"3"，填充颜色为"白色"，且其 Alpha 值为"40%"，远角参数为"–10"，矩形的属性参数设置如图 8-10 所示。

图 8-10　矩形的属性参数设置

3）绘制一个宽高为"255 像素 × 385 像素"的内圆角矩形并与舞台居中对齐，如图 8-11 所示。

4）选中绘制的矩形，按"Ctrl"快捷键，拖动刚绘制的矩形，完成复制。然后分别设置两个矩形的位置如图 8-12 所示。

图 8-11　绘制内圆角矩形

图 8-12　设置两个矩形的位置

3. 输入文字

1）为了操作方便，锁定"框"图层。

2）在"文字"图层上利用"文字"工具输入"个人信息注册"和"个人信息核对"两段文字。

3）在"属性"面板中设置文字颜色为"白色"，大小为"20"，字体为"方正综艺简体"，如图 8-13 所示。

4）为了设计美观，分别将两段文字放置在相应的位置，如图 8-14 所示。

图 8-13　在"属性"面板设置"文字"参数

4. 组件设计

1）根据日常经验进行分析，确定需要用户填写的信息项有：用户名、密码、重新填写密码、性别、生日、个人爱好 6 项。将"Label"组件拖到舞台中，然后复制 5 个，并依次放置到图 8-15 所示的位置上。

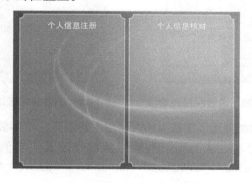

图 8-14　设置文字的位置　　　　**图 8-15　设置 Label 在舞台的位置**

2）在"参数"面板中，从上到下依次修改"Label"组件的"Text"参数为："用户名""密码""重新填写密码""性别""生日"和"个人爱好"，修改完成后效果如图 8-16 所示。

3）通过分析，"用户名""密码""重新填写密码""生日"4 项需使用"TextInput"组件，"性别"项使用"RadioButton"组件，"个人爱好"项使用"TextArea"组件。

4）将 1 个"TextInput"组件拖到舞台中，设置其宽高为"130 像素 ×22 像素"，复制出 3 个"TextInput"组件，并设置其位置如图 8-17 所示。需注意的是："TextInput"组件应与相应的"Label"组件对齐。

5）将 1 个"RadioButton"组件拖到舞台中，并设置其宽高为"50 像素 ×22 像素"，复制出 1 个，然后分别修改其"Label"属性为"男""女"，如图 8-18 所示。

图 8-16　修改"Text"参数　　　**图 8-17　设置缓动**　　　**图 8-18　设置性别选项**

6）将一个"TextArea"组件拖到舞台中，并设置其宽高为"130 像素 × 100 像素"，设置起始位置如图 8-19 所示。

7）拖入两个"Button"组件，设置其宽高为"60 像素 × 22 像素"，分别修改其"Label"参数为"提交""清空"，然后设置其位置如图 8-20 所示。

8）在"个人信息核对"一侧也需要一个"TextArea"组件来对提交的信息进行显示，所以将 1 个"TextArea"组件拖到舞台中，并设置其宽高为"180 像素 × 280 像素"，设置如图 8-21 所示。

图 8-19　设置起始位置　　　图 8-20　设置按钮位置　　　图 8-21　设置核对区域

9）至此组件的布置就完成了，但这样的组件还不能被程序所应用，还需要在"参数"面板中修改每个组件的"实例名称"。按照从左至右，从上到下的顺序依次修改其"实例名称"为"mUserName""mPassword""mPassword2""mMan""mWoman""mBirthday""mLove""mSubmit""mClear"和"mCheck"。各组件实例名称如图 8-22 所示。

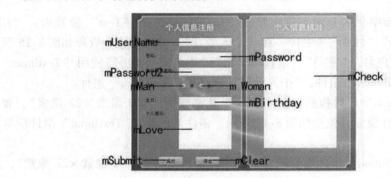

图 8-22　修改组件实例名称

10）由于当用户输入密码时，"密码"和"重新输入密码"两项需要自动加密显示，所以在"参数"面板中，设置这两个"InputText"组件的"displayAsPassword"参数为"true"，如图 8-23 所示。

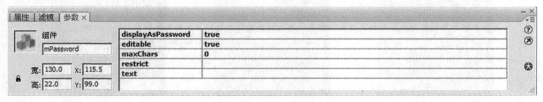

图 8-23　设置密码显示参数

5. 写入控制代码

　　由于本案例的操作为：当用户填写完成之后，单击"提交"按钮即可在"个人信息核对"窗口中显示用户填写的信息，单击"清空"按钮可以清除用户已经填写的内容。所以选择"代码"层的第 1 帧输入如下代码及注释。

```
//为提交和清空按钮添加事件监听器
mSubmit.addEventListener(MouseEvent.CLICK,sClick);
mClear.addEventListener(MouseEvent.CLICK,cClick);
//定义提交响应函数
function sClick(Event:MouseEvent):void {
//清空核对窗口
mCheck.text = "";
//加入用户名信息
mCheck.text + ="用户名:";
mCheck.text + =mUsername.text + " \n";
//加入密码信息
mCheck.text + ="密码:";
mCheck.text + =mPassword.text + " \n";
//加入重新填写密码信息
mCheck.text + ="重新填写密码:";
mCheck.text + =mPassword2.text + " \n";
//加入性别信息
mCheck.text + ="性别:";
if (mMan.selected = = true) {
    mCheck.text + ="男 \n";
} else if (mWoman.selected = = true) {
    mCheck.text + ="女 \n";
} else {
    mCheck.text + =" \n";
}
//加入生日信息
mCheck.text + ="生日:";
mCheck.text + =mBirthday.text + " \n";
//加入爱好信息
mCheck.text + ="爱好:";
mCheck.text + =mLove.text + " \n";
}
//定义清空响应函数
function cClick(Event:MouseEvent):void {
//清空用户名
mUsername.text = "";
//清空密码
mPassword.text = "";
//清空重新填写密码
mPassword2.text = "";
//清空生日
```

```
mBirthday.text = "";
//清空爱好
mLove.text = "";
}
```

注意：在教学资源包素材 \ 第八章 \ 个人信息注册代码 . txt" 文件中提供了本案例的全部代码。

6. 保存测试影片

通过本案例的制作应该认识到，组件的设计和功能实现是两个分离的部分，不懂程序的设计人员可以设计出精美的布局，而程序人员可以在设计人员的基础上进行编程，达到事半功倍的效果。

8.2　视频组件

许多大型的视频网站现在都采用 ".flv" 的格式进行视频传输，这种传输方式有许多的优点，如传输速度快、支持流媒体、视频文件压缩率大等，而播放 ".flv" 格式的播放器中较优秀的就是 Flash 制作的播放器。使用视频组件可以非常快捷地制作出这种播放器。

8.2.1　知识准备——初识视频组件

使用视频组件可以在很短的时间内创建一个简单的 flv 播放器，下面就来学习一下视频组件的创建方法。

1. 创建视频组件

1）选择【窗口】/【组件】菜单命令，打开"组件"面板，将"Video"下面的"FLV-Playback"组件拖到舞台中，如图 8-24 所示。

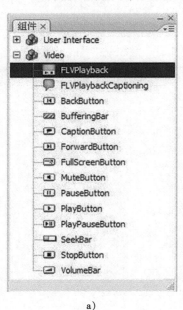
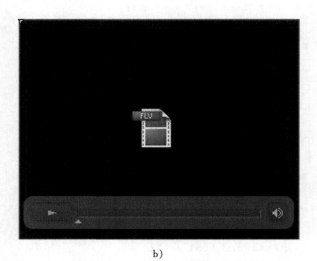

a)　　　　　　　　　　　　　　　　　　　　b)

图 8-24　创建播放器

a) 选择组件　b) 放入舞台

2）选中舞台中的"FLVPlayback"组件，然后在"参数"面板中，选中"source"选项。

3）单击"查看"按钮，打开如图 8-25 所示的"内容路径"对话框，然后打开"文件选择"对话框，选择教学资源包中素材/第八章/视频 1. flv 文件。

4）单击"打开"按钮，返回到如图 8-26 的"内容路径"对话框。取消勾选"匹配源尺寸"复选框，单击"确定"按钮完成加入路径的设置。至此播放器的制作就完成了，测试影片，播放视频的效果如图 8-27 所示。

图 8-25　"内容路径"对话框

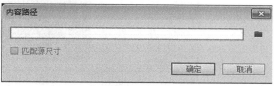

图 8-26　加入路径

a)

b)

图 8-27　播放视频的效果

2. 更换播放器外观

1）Flash 还提供了许多视频播放器外观，在"参数"对话框的"skin"选项中就能设置不同的外观，如图 8-28 所示。

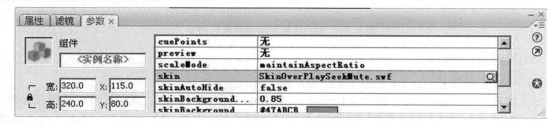

图 8-28　设置"skin"参数

2）单击"查看"按钮打开"选择外观"对话框，如图 8-29 所示，即可以对播放器的外观进行选择。

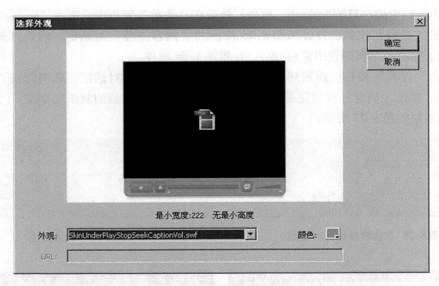

图 8-29　"选择外观"对话框

8.2.2　典型案例——多功能视频播放器

使用 Flash 提供的播放器模板虽然能够满足一定的使用要求，但是其涉及的播放控制组件不能随意地调整。在本案例中，将使用"Video"中的播放控制组件来创建一个多功能的播放器。设计思路有组件布局设计、后台程序编写、加入字幕效果，多功能视频播放器设计效果如图 8-30 所示。

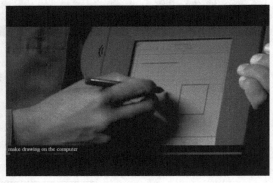

图 8-30　多功能视频播放器设计效果

制作的具体过程如下。

1. 组件布局设计

1）新建一个 Flash 文档，设置文档尺寸为"550 像素 ×450 像素"，其他属性保持默认参数。

2）新建 3 个图层，从上到下依次重命名为"代码"层、"播放控制组件"层和"播放器组件"层，如图 8-31 所示。

3）选择"播放器组件"层，将"Video"组件中的"FLVplayback"组件拖到舞台中，并设置播放器的宽高为"550 像素 ×400 像素"，位置坐标 x、y 均为"0"，舞台效果如图 8-32 所示。

图 8-31　新建图层

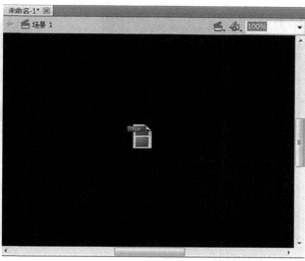

图 8-32　创建播放器

4）选择播放器组件，在"参数"面板中，设置其"skin"参数为"无"，得到如图 8-33 所示的播放器。

图 8-33　设置播放器

5）锁定"播放器组件"图层，选择"播放控制组件"图层，打开"组件"面板，将"Video"组件中的"BackButton""BufferingBar""ForwardButton""FullScreenButton""PauseButton""PlayButton""SeekBar""StopButton""VolumeBar"拖到舞台中，并按照图 8-34 所示的位置进行放置。

2. 编写后台程序

1）放置到舞台中的所有组件，还需要通过设置"实例名称"才能被程序所调用。

2）打开"参数"面板，按照从上到下、从左至右的顺序依次给组件命名："mFLVplayback""mPlayButton""mBackButton""mPauseButton""mForwardButton""mSeekBar""mStopButton""mVolumeBar""mFullScreenButton"，如图 8-35 所示。

图 8-34　放置播放器控制组件　　　　　　　图 8-35　设置组件的实例名称

3）将 "Video" 组件中的 "FLVplaybackCaptioning" 组件拖到 "库" 面板中，便于程序调用。

4）选中 "代码" 图层的第 1 帧，打开 "动作 – 帧" 面板输入以下代码。

```
//引用字幕组件
import  fl.video.FLVPlaybackCaptioning;
//将播放控制组件连接到播放器组件
mFLVplayback.bufferingBar = mBufferingBar;
mFLVplayback.playButton = mPlayButton;
mFLVplayback.backButton = mBackButton;
mFLVplayback.pauseButton = mPauseButton;
mFLVplayback.forwardButton = mForwardButton;
mFLVplayback.seekBar = mSeekBar;
mFLVplayback.stopButton = mStopButton;
mFLVplayback.volumeBar = mVolumeBar;
mFLVplayback.fullScreenButton = mFullScreenButton;
//为播放器指定播放视频路径
mFLVplayback.source = "视频2.flv";
```

5）根据程序中指定的视频播放路径 "视频 2. flv"，将教学资源包中素材 \ 第八章 \ 视频 2. flv 文件复制到本案例发布文件相同的路径下。测试影片得到如图 8-36 所示的效果。可以通过播放控制组件对视频播放进行各种控制操作。

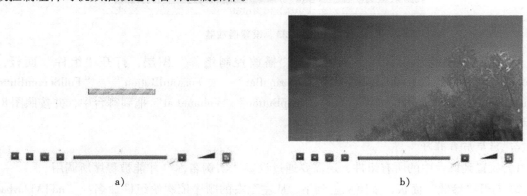

a)　　　　　　　　　　　　　　　b)

图 8-36　多功能播放器的测试效果

a）加载视频界面　b）播放界面

3. 加入字幕效果

1) 加入字幕的方法十分简单，首先需要在现有的程序后面加入以下程序。

```
//创建字幕实例
var my_FLVplybkcap = new FLVPlaybackCaptioning();
//将字幕实例加载到舞台
addChild (my_FLVPlybkcap);
//指定字幕文件路径
my_FLVPlybkcap.source = "字幕.xml";
//显示字幕
my_FLVPlybkcap.showCaptions = true;
```

注意：教学资源包中素材 \ 第八章 \ 多功能视频播放器代码 . txt 文件提供本案例涉及的所有代码。

2) 将教学资源包中素材 \ 第八章 \ 字幕 . xml 文件复制到本案例发布文件相同的路径下。字幕内容以 XML 的形式存在，可分为以下几个部分。

① XML 的版本说明及其他相关说明。

```
<? xml version = "1.0" encoding = "UTF - 8"? >
```

② 主题部分。所有的歌词和歌词样式都写在 < tt > </tt > 之间。< head > </head > 之间定义歌词的文字对齐方式、文字的颜色、文字的大小等，< body > </body > 之间定义歌词的开始时间、结束时间、歌词的文字。

```
<tt    xml:lang = "en"    xmlns = http://www.w3.org/2006/04/ttafl
xmlns:tts = "http://www.w3.org/2006/04/ttafl#styling" >
    <head >
<style id = "1" tts:textAlign = "right"/>
        <style id = "2" tts:color = "tuansparent"/>
        <style id = "3" tts:backgroundColor = "white"/>
        <style id = "4" style = "2 3" tts:fontSize = "20"/>
    </head >
    <body >
    <div xml:lang = "en" >
<p  begin = "00:00:06.42" dur = "00:00:03.15" >And the company was in dire
straights  at  the  time.</p >
    <p  begin = "00:00:09.57"  dur = "00:00:01.45" >We were a CD - ROM
authoring  company,</p >
    </div >
    </body >
</tt >
```

本案例使用"FLVPlayback"组件结合视频播放控制组件制作了一个具有多种控制功能的视频播放器，并为视频制作了字幕效果。本案例中所涉及的所有视频和字幕源文件都可以使用网络资源来替代，从而使播放器可以直接播放网络资源。如果能独立制作本案例，就说明这部分内容已经牢固地掌握了。

8.3　综合实例——点播系统

当视频在网络上传输时，如果文件太大，就会影响传输的速度，所以有时候需要将视频文件分割成小段来传输。在本案例中，将综合使用用户接口组件和视频播放器组件的方式制作一款具有点播功能的视频播放器，来选择播放被分割成 5 段的视频。设计思路包括使用组件设计界面、手动方式添加链接、后台程序编写、测试完善系统。点翻系统的设计效果如图8-37所示。

a)　　　　　　　　　　　　　　　　　　　　b)

图 8-37　点播系统的设计效果

a）普通效果　b）全屏效果

具体的操作步骤如下。

1．设计界面

1）新建一个 Flash 文档，设置文档尺寸为"550 像素 ×650 像素"，背景为"黑色"，其他属性保持默认参数。

2）新建 3 个图层，并从上至下依次命名为"代码"层"播放器组件"层和"用户接口组件"层，如图 8-38 所示。

3）选择"播放器组件"图层的第 1 帧，然后将"FLVPlayback"组件拖到舞台中，并设置其宽高为"550 像素 ×360 像素"，位置坐标 x、y 均为"0"。设置播放器组件的"skin"参数为"SkinUnderAllNoCaption. swf"，如图 8-39 所示。

 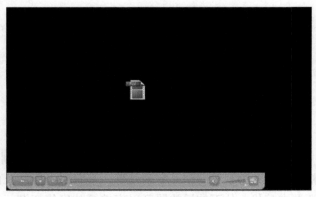

图 8-38　新建图层　　　　　　　　　**图 8-39　加入播放器组件**

4）选择"用户接口组件"图层的第 1 帧，将"TileList"组件拖到舞台中，并设置其宽高为"100 像素 ×400 像素"，位置坐标 x、y 分别为"500"和"0"，如图 8-40 所示。

2. 添加组件链接

1）将教学资源包素材 \ 第八章中的"片段 1. flv"至"片段 5. flv"和"图片 1. jpg"至"图片 5. jpg"复制到本案例发布文件的路径下。

2）选择舞台中的"TileList 组件"，打开"参数"对话框，单击"dataProvider"选项，打开如图 8-41 所示的"值"窗口。

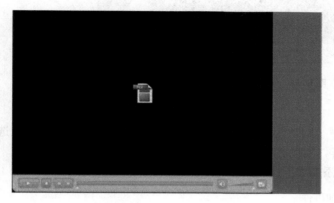

图 8-40　加入用户接口组件　　　　　　图 8-41　"值"窗口

3）连续单击 5 次"＋"按钮，增加 5 个项，如图 8-42 所示。

4）依次修改"label0 ~ label4"的"label"项为"片段 1. flv""片段 2. flv""片段 3. flv""片段 4. flv"和"片段 5. flv"，依次填写"source"项为"图片 1. jpg""图片 2. jpg""图片 3. jpg""图片 4. jpg"和"图片 5. jpg"，如图 8-43 所示。

图 8-42　增加 5 个项　　　　　　图 8-43　修改值

5）单击"确定"按钮完成"值"的创建。测试影片即可看到如图 8-44 所示的片段效果，此时的"TileList"组件已经显示出视频片段的预览图。

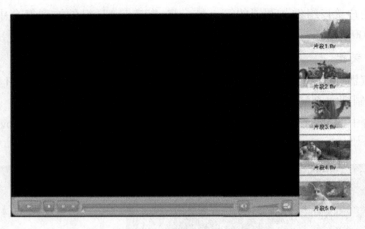

图 8-44　视频片段预览图

3. 后台程序编写

1）选择舞台中的"FLVplayback"组件，并设置其"实例名称"为"mFLVplayback"，选择舞台中的"TileList"组件，并设置其"实例名称"为"mTileList"。

2）在"代码"图层的第 1 帧上添加如下代码：

```
//为"TileList"组件添加事件
mTileList.addEventListener(Event.CHANGE,onChange);
//定义事件函数
function onChange(mEvent:Event):void {
//"FLVplayback"组件加载电影片段
mFLVplayback.load(mEvent.target.selectedItem.label);
//播放视频片段
mFLVplayback.play();
}
```

3）测试影片。单击右边的"视频片段阅览图"即可观看相应的视频片段，如图 8-45 所示。

a)

b)

图 8-45　播放器效果测试

a）普通模式　b）全屏模式

4. 测试完善系统

1）测试观看后发现，系统没有自动播放的功能，看完一部分不能自动读取下一部分，这给用户带来极大的不便。所以在"代码"图层的第 1 帧上继续添加如下代码，设置自动播放功能。

```
//开始就默认部分片段1
mFLVplayback.locd("片段1.flv");
mFLVplayback.play();
//为播放器组件添加片段播放完毕事件
mFLVplayback.addEventListener(Event.COMPLETE,onComplete);
//定义片段播放完毕事件的响应函数
function onComplete(mEvent:Event):void {
//获取当前播放片段的名称
var pdStr:String = mEvent.target.source;
//提取当前播放片段的编号
var pdNum:int = parseInt(pdStr.charAt(2));
//创建一个临时数,用来存储当前片段的编号
var oldNum:int = pdNum;
//判断当前编号是否超过片段总数,如果超过编号等于1,如果没有超过就加1
if (pdNum < 5)  {
pdNum + +;
} else {
pdNum = 1;
}
//加载下一片段
mEvent.target.load(pdStu.replace(oldNum.toString(),pdNum.toSring());)
//播放视频片段
mEvent.target.play();
}
```

注意： 教学资源包中素材\ 第八章\ 视频点播系统代码 . txt 文件提供了本案例中涉及的所有代码。

2）此时的系统还有一个美中不足，就是当全屏播放时播放控制器不能自动地隐藏，从而影响视觉效果。

3）选择场景中的"FLVPlayback"组件，打开"参数"对话框，设置其中的"SkinAuto-Hide"参数为"true"。

4）测试观看影片，得到如图 8-46 所示的最终效果。

图 8-46　点播系统的最终效果

　　本案例使用用户接口组件和媒体控制组件进行制作，完成了一个比较完整的视频点播系统。通过这个系统的制作，相信读者对组件应该有了一个更深的认识。同时认识到软件中任何部分都需要配合使用才能制作出更好的作品。

本章小结

　　组件作为 Flash 的一个组成部分有着其特殊的意义。它既对 Flash 软件本身的完整性起着重要的作用，同时也为用户开发提供了便利。通过组件，可以在短时间内完成一些类似应用程序的开发，特别是制作播放器方面的开发工作，所以为许多大型网站所采用。

　　本章以先讲原理再以实例分析的方法为读者由浅入深地讲解了 Flash 组件的核心知识，但要完全掌握这个工具，还需要平时多花时间，加强练习，才能将其运用自如，为软件开发锦上添花。

思考与练习

　　1. 组件可以用于哪些方面的开发？

　　2. 请以本章的讲解作为突破口，将本章没有涉及的组件运用起来。

　　3. 使用用户接口组件开发一个个人性格测试工具，可以从教学资源包中素材＼第八章＼个人性格测试内容．txt 文件中获取试题，如图 8-47 所示。

图 8-47　个人性格测试的界面效果

　　4. 请综合使用播放器组件和用户接口组件制作一个可以任意设置播放文件路径的播放器，如图 8-48 所示。

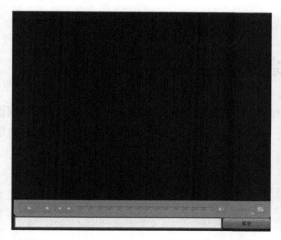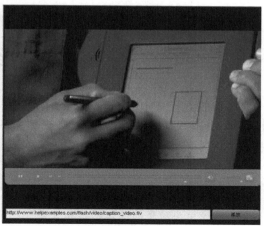

图 8-48　制作任意设置播放文件路径的播放器

5. 重做本章全部实例。

第9章　综合实例

在前面的章节中对 Flash CS6 进行了比较详细的讲解。通过适当的案例分析和制作，相信读者已经对 Flash CS6 整体有了充分的认识和了解。在本章中，将以案例讲解为主，从实战的角度来提升读者对 Flash CS6 的综合运用能力。

9.1　动感片头制作——生命在于运动

Flash 动画的运用领域非常的强大，本例将介绍 Flash 在片头动画中的运用。在动画演示过程中，经过一个绚丽的开场进入主题——生命在于运动，先是表现生命与运动的内在关系，然后过渡到运动阶段，最终进入片尾总结。动画的制作过程中声音与动画的完美结合、绚丽的特效和合理的过渡，使整个动画给人一种震撼的动感。设计思路包括制作开场动画、制作标题动画、制作生命与运动的联

图 9-1　"生命在于运动"动画设计效果

系、制作运动的表现部分、制作片尾。"生命在于运动"动画设计效果如图 9-1 所示。

具体的制作步骤如下。

1. 制作开场动画

1）新建一个 Flash 文档，设置文档尺寸为"600 像素×450 像素"，背景颜色为"黑色"，帧频为"24"，其他属性使用默认参数。

2）将默认的"图层 1"重新命名为"开场动画"层，选择"矩形"工具，在舞台中绘制一矩形如图 9-2 所示，笔触颜色和填充颜色都为"白色"，笔触高度为"1"。在第 8 帧处插入关键帧，调整第 8 帧矩形的形状如图 9-3 所示，并把填充颜色改为"#666666"，然后创建补间形状动画。

图 9-2　在舞台中绘制一矩形

图 9-3　调整第 8 帧矩形的形状

3）在第 10 帧处插入一个关键帧，然后在第 16 帧处插入关键帧并调整其矩形形状如图 9-4 所示，调整其填充颜色为"白色"，然后创建补间形状动画。

4）分别在第 17 帧和第 18 帧处插入关键帧，然后在第 18 帧处将矩形的宽度调大一点，如图 9-5 所示。

图 9-4　调整第 16 帧处的矩形

图 9-5　调整第 18 帧处的矩形

5）同样在第 20 帧处插入关键帧并调大矩形的宽度，并把第 19 帧转换为空白关键帧。

6）在第 22 帧处插入关键帧，调整矩形的宽度如图 9-6 所示，并把第 21 帧转换为空白关键帧。

7）在第 24 帧处插入关键帧，把第 23 帧转换为空白关键帧。在第 26 帧处插入关键帧，把第 25 帧转换为空白关键帧。

8）在第 29 帧处插入关键帧并调整矩形的填充颜色为"#999999"，在第 26 帧和第 29 帧之间创建补间形状动画。

9）在第 30 帧和第 33 帧处插入关键帧并调整第 33 帧处矩形的高如图 9-7 所示，创建补间形状动画。然后在第 750 帧处插入关键帧，此时"时间轴"状态如图 9-8 所示。

图 9-6　调整第 22 帧处的矩形

图 9-7　调整第 33 帧处的矩形

![时间轴状态] 开场动画

图 9-8　"时间轴"状态

10）新建图层并重命名为"music"层，选择【文件】/【导入】/【导入库】菜单命令，将教学资源包素材 \ 第九章 \ 生命在于运动 \ music 文件夹中所有的声音文件导入到"库"中，并在第 1 帧插入声音文件"sound01. mp3"，在第 19 帧插入空白关键帧并插入声音文件"sound02. mp3"，然后在第 55 帧处插入空白关键帧，此时的"时间轴"状态如图 9-9 所示。

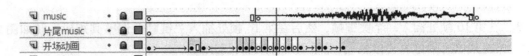

图 9-9　插入声音文件后"时间轴"状态

2. 制作标题动画

1）新建一个图层，使用绘图工具在第 35 帧处插入关键帧并设计如图 9-10 所示的标题，"生命在于"的填充颜色为"白色"，"运动"的填充颜色为"#FFFF00"。

2）选择标题文字，连续按"Ctrl + B"组合键两次，将文字打散。然后用鼠标右键单击打散的文字，在弹出的快捷键菜单中选择【分散到图层】命令，将每一个文字都分散到一个单独的图层上面，此时的"时间轴"状态如图 9-11 所示。

图 9-10　标题设计

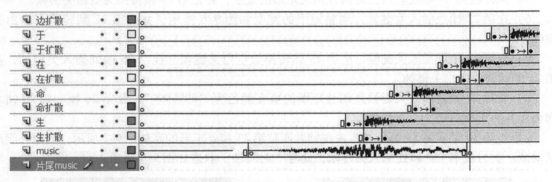

图 9-11　将文字分散到图层后"时间轴"状态

3）把"运动"两个字合到一个图层上，并在该图层的下面新建图层并重命名为"运动背景"层，使用"绘图"工具设计如图 9-12 所示的背景，设置背景的边框颜色为"#FF9900"，内部填充的颜色为"#FF9900"且其 Alpha 值为"50%"。

4）把"生"的关键帧拖到第 35 帧处，并在第 38 帧处插入关键帧。然后选中第 35 帧处的"生"字，打开"变形"面板，将其长和宽都调整为"300%"，舞台效果如图 9-13 所示，并创建补间形状动画。

图 9-12　设计"运动"两字的背景效果

图 9-13　放大 3 倍的"生"字

5）在"生"图层的下面新建图层并重命名为"生扩散"层，将"生"层的第 38 层帧复制到"生扩散"层的第 38 帧，并在第 41 帧处插入关键帧。

6）选中"生扩散"层的第 41 帧处的"生"字，打开"变形"面板将长和宽都调整为"160%"，并调整其填充颜色的 Alpha 值为"0%"，然后在第 38 帧和第 41 帧之间创建补间形状动画。

7）在"生"层的第 38 帧处插入声音文件"sound3. mp3"，此时的"时间轴"状态如图 9-14 所示。

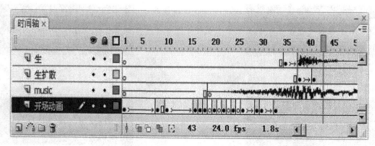

图 9-14　插入声音文件后的"时间轴"状态

8）用同样的方法分别在第 43 帧处制作"命"的动画效果，在第 54 帧制作"在"的动画效果，在第 59 帧处制作"于"的动画效果，在第 68 帧制作"运动"的动画效果，此时的"时间轴"状态如图 9-15 所示。

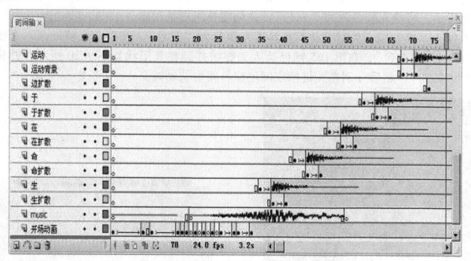

图 9-15　分别制作各文字动画效果后"时间轴"状态

9）在"运动"层的上面新建图层并重命名为"自行车"层，在第 93 帧处插入一个空白关键帧，选择【文件】/【导入】/【打开外部库】菜单命令，打开教学资源包中素材\第九章\生命在于运动\生命在于运动. fla 文件，把"库－生命在于运动. fla"面板中的"自行车"文件夹里面名为"自行车"的影片剪辑元件拖到舞台中并调整其位置，效果如图 9-16 所示。

图 9-16　第 93 帧处的自行车

10）在第 125 帧处插入关键帧，调整自行车的位置如图 9-17 所示，并在第 93 帧到 125 帧之间创建补间动画。

11）分别在"生"层、"命"层、"在"层、"于"层、"运动"层和"运动背景"层第 117 帧插入关键帧，分别调整第 140 帧处它们的位置，并分别在第 117 帧到第 140 帧之间创建形状补间动画，如图 9-18 所示。最后，在"自行车"图层到"生扩散"图层的第 141 帧处插入空白关键帧。

图 9-17　调整第 125 帧处自行车的位置

图 9-18　第 140 帧的舞台效果

3. 制作生命与运动的联系

1）分别在"开场动画"层的第 141 帧和第 151 帧处插入关键帧，调整第 151 帧矩形的大小如图 9-19 所示，将填充颜色改为"白色"，并创建补间形状动画。

2）在第 153 帧处插入关键帧并调整其填充颜色为"黑色"，在第 155 帧处插入关键帧并调整其填充颜色为"白色"，在第 165 帧处插入关键帧并调整其形状如图 9-20 所示，并将填充颜色改为"#999999"，然后分别在关键帧之间创建补间形状动画。

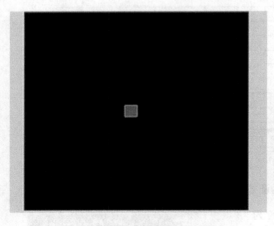

图 9-19　调整第 151 帧处的矩形

图 9-20　调整第 165 帧处的矩形

3）在"music"层的第 141 帧插入声音文件"sound01. mp3"，在第 151 帧插入声音文件"sound02. mp3"，在第 178 帧插入声音文件"bgsound. mp3"。此时的"时间轴"状态如图 9-21 所示。

4）在"自行车"层的上面新建图层并重命名为"背景"层，在第 165 帧处插入关键帧并将教学资源包中素材 \ 第九章 \ 生命在于运动 \ image 文件夹中的"婴儿 . jpg"文件导入舞台中并与舞台居中对齐，效果如图 9-22 所示，然后将图片转换为影片剪辑元件。

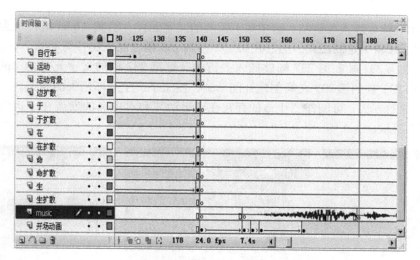

图 9-21　在部分帧处插入声音文件后"时间轴"状态

　　5）新建图层并重命名为"范围限制"层，将"开场动画"层的第 165 帧复制到"范围限制"层的第 165 帧，把矩形的边框删除只留下填充部分，并把"范围限制"层变成遮罩层，此时的舞台效果如图 9-23 所示。

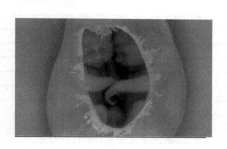

图 9-22　导入图片后的舞台效果

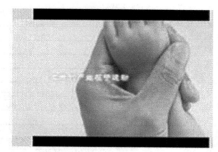

图 9-23　添加遮罩后的图片

　　6）在"背景"层的第 177 帧、181 帧和 230 帧插入关键帧，把第 165 帧元件的 Alpha 值设置为"0%"，第 230 帧的元件向上移动 5 像素，并在第 165 帧到第 177 帧之间，第 181 帧到第230 帧之间创建补间动画，从而创建动态的背景效果。

　　7）新建图层并重命名为"生命的产生"层，在第 178 帧的舞台中输入文字"生命的产生在于运动"，并把文字转换为影片剪辑元件。

　　8）选中文字，打开"滤镜"面板，为文字添加发光效果，如图 9-24 所示，其发光颜色为"#FFCC00"，最终的文字效果如图 9-25 所示。

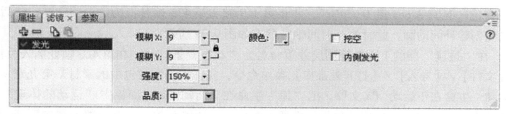

图 9-24　为文字添加发光效果

9）在第186帧处插入关键帧，选中第178帧的文字元件，将其Alpha值设置为"0%"，并把文字元件向下移动一定的距离，然后在第178帧到186帧之间创建补间动画。

10）分别在第231帧和第237帧处插入关键帧，把第237帧的文字元件的Aplha值设置为"0%"，并在第231帧到第237之间创建补间动画，使文字产生渐渐消失的效果。

11）用同样的方法，可制作"生命的存在在于运动"和"生命的发展在于运动"效果如图9-26和图9-27所示。

图9-25 添加滤镜后的文字　　**图9-26** "生命的存在在于运动"的效果　　**图9-27** "生命的发展在于运动"的效果

12）完成后的"时间轴"状态如图9-28所示。

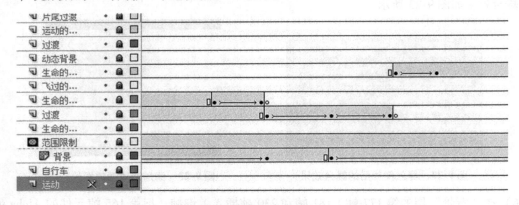

图9-28 生命与运动的联系完成后的"时间轴"状态

4. 制作运动的表现部分

1）在"生命的发展"层上面新建图层并重命名为"过渡"层。复制"开场动画"层的第165帧到"过渡"层的第414帧，并分别在第418帧、第420帧和第424帧处插入关键帧。

2）分别调整第414帧的矩形填充颜色为"白色"且其Alpha值为"0%"，在第418帧的矩形填充颜色为"#333333"，在第420帧的矩形填充颜色为"#333333"，第424帧矩形的填充颜色为"白色"且其Alpha值为"0%"，并将第419帧和第425帧转换为空白关键帧，然后在关键帧之间创建补间动画，此时的"时间轴"状态如图9-29所示。

3）在"过渡"层的下面新建图层并重命名为"动态背景"层，在第420帧处插入关键帧，选择【文件】/【导入】/【打开外部库】菜单命令，打开教学资源包中的素材\第九章\生命在于运动\生命在于运动.fla文件，把"库-生命在于运动.fla"面板中"运动的体现"文件夹中的名为"动态背景"的影片剪辑元件拖到舞台中，调整它的大小并与舞台居中对齐，效果

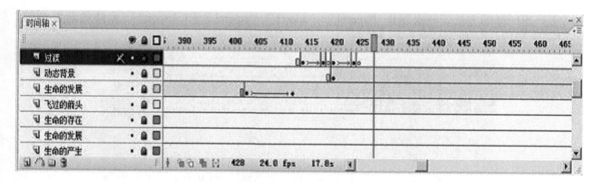

图 9-29　调整部分帧后"时间轴"状态

如图 9-30 所示。

4）在"过渡"层上面新建图层并重命名为"运动形式"层，并在第 424 帧处插入空白关键帧。新建一个名为"运动形式"的影片剪辑元件，选中第 424 帧，把它从"库"面板中拖到舞台中。

5）双击舞台上的"运动形式"元件，进入元件编辑状态，把"库 – 生命在于运动 . fla"面板中的"运动的体现"文件夹中的所有图形元件拖到当前文档的"库"面板中。

图 9-30　添加动态背景后的效果

6）把默认的"图层 1"重命名为"photo1"层，把"库"面板中名为"sport1"的图形元件拖到舞台中，在第 1 帧处插入帧，并在第 4 帧处插入关键帧，然后调整第 1 帧的"sport1"元件的 Alpha 值为"0%"，并在第 1 帧到第 4 帧之间创建补间动画，此时的场景如图 9-31 所示。

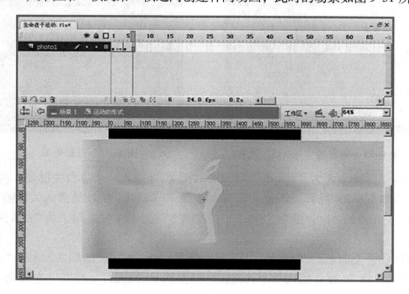

图 9-31　调整后的场景效果

7）在第 7 帧处插入一个空白关键帧，然后拖入元件"sport2"，在第 10 帧处插入一个关键帧，调整第 7 帧元件的 Alpha 值为"0%"，并在第 7 帧到第 10 帧之间创建补间动画。

8）用同样的方法，一次制作"sport4""sport1""sport2"和"sport3"元件的渐显动画，此时的"时间轴"状态如图 9-32 所示。

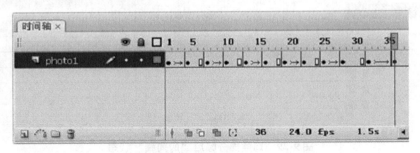

图 9-32 制作渐显动画后的"时间轴"状态

9）新建图层并重命名为"photo-1"层，复制"photo1"层的第 37 帧到"photo1-1"层的第 38 帧，并在第 46 帧处插入关键帧，打开"变形"面板，将其长和宽都设置为"160%"，同时调整其 Alpha 值为"0%"，然后在第 38 帧到第 46 帧之间创建补间形状动画，从而实现向外扩散的效果。

10）新建图层并重命名为"sport5"层，在第 51 帧处插入一个空白关键帧，把"sport5"元件拖到舞台中，效果如图 9-33 所示。在第 60 帧处插入一个关键帧，然后调整第 51 帧的元件的长和宽均为"32%"，Alpha 值为"15%"，并在第 51 帧到底 60 帧之间创建补间动画。

11）分别在第 64 帧和第 72 帧处插入关键帧，调整第 72 帧元件的 Alpha 值为"0%"，并在第 64 帧到 72 帧之间创建补间动画。

12）新建图层并重命名为"sport5-1"层，复制"sport5"层的第 51 帧至第 60 帧到"sport5-1"的第 56 帧至第 64 帧，实现重影效果，如图 9-34 所示。

图 9-33 舞台的"sport5"元件

图 9-34 重影效果

13）新建图层并重命名为"sport6"层，在第 65 帧处插入一个空白关键帧，将"sport6"拖到舞台中，效果如图 9-35 所示。分别在第 74 帧、第 77 帧和第 84 帧处插入关键帧，分别调整第 65 帧和第 84 帧上元件的 Alpha 值为"0%"，并在第 65 帧到 74 帧之间、第 77 帧到第 84 帧之间创建补间动画。

14）新建图层并重命名为"sport6-1"层，复制"sport6"层的第 74 帧到"sport6-1"层的第 69 帧，然后在第 76 帧处插入一个关键帧。调整第 69 帧元件，使其向左移动一段距离，效果如图 9-36 所示。最后调整第 69 帧元件的 Alpha 值为"0%"，并创建补间动画。

15）新建图层并重命名为"sport6-2"层，复制"sport6-1"层的第 69 帧至第 76 帧到"sport6-2"的第 70 帧至第 77 帧，从而实现图 9-37 所示的重影效果，此时的"时间轴"状态如图 9-38 所示。

图 9-35 舞台的"sport6"元件

图 9-36 向左调整后的
"sport6"元件

图 9-37 "stort6"的重影效果

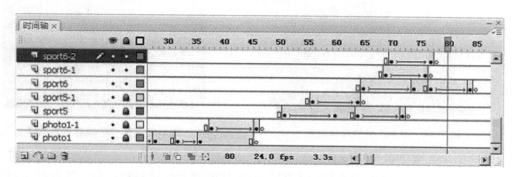

图 9-38 制作 sport6 重影效果后的"时间轴"状态

16）用同样的方法依次制作"sport7""sport8"和"sport9"的运动效果，分别如图9-39、图 9-40 和图 9-41 所示。

图 9-39 "sport7"的效果

图 9-40 "sport8"的效果

图 9-41 "sport9"的效果

17）新建图层并重命名为"photo2"层，按照"photo1"层的制作方法，依次制作"photo10"至"photo15"的渐显效果，其中"photo10"和"photo15"的效果如图 9-42 和图 9-43 所示。

图 9-42 "soprt10"的效果

图 9-43 "sport15"的效果

18）退出元件编辑，返回主场景。

5. 制作片尾

1）新建图层并重命名为"冲刺的人 01"层，在第 645 帧处插入空白关键帧，打开"库 – 生命在于运动 . fla"面板，将"人物"文件夹中的名为"冲刺的人 01"的影片剪辑元件拖到舞台中，效果如图 9-44 所示。在第 669 帧调整元件的位置如图 9-45 所示，然后在第 645 帧到第 669 帧之间创建补间动画。

　　　　　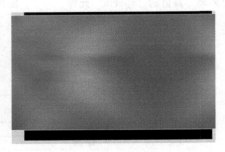

图 9-44　第 645 帧的舞台效果　　　　　图 9-45　第 669 帧的舞台效果

2）新建图层并重命名为"冲刺的人 02"层，在第 670 帧插入一个空白关键帧，将"库 – 生命在于运动 . fla"中名为"冲刺的人 02"的影片剪辑元件拖到舞台中，舞台效果如图 9-46 所示。在第 700 帧调整元件的位置如图 9-47 所示，然后在第 670 帧到第 700 帧之间创建补间动画。

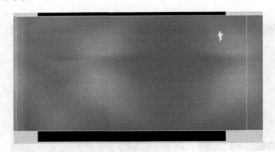　　　　　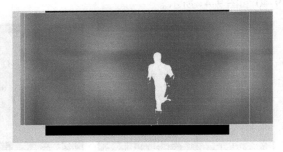

图 9-46　第 670 帧的舞台效果　　　　　图 9-47　第 700 帧的舞台效果

3）在第 688 帧插入一个关键帧，然后分别调整第 670 帧和第 700 帧的 Alpha 值为"0%"。

4）按照上面制作过渡效果的方法，在"开场动画"层的第 707 帧制作如图 9-48 所示的过渡效果。

5）在"开场动画"下面新建图层并重命名为"片尾动画"层，在第 724 帧插入一个空白关键帧，将"库 – 生命在于运动 . fla"中的"片尾"文件夹中命名为"片尾画面"的影片剪辑元件拖到舞台中。效果如图 9-49 所示，并将"开场动画"层第 729 帧上的矩形的填充颜色的 Alpha 值设置"0%"。此时的"时间轴"状态如图 9-50 所示。

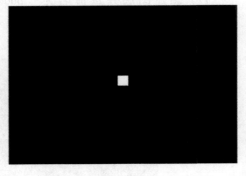

图 9-48　"开场动画"的过渡效果

图 9-49 片尾动画的舞台效果

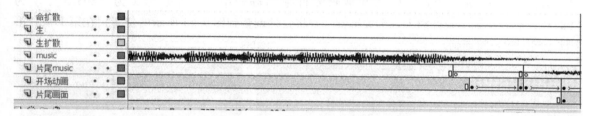

图 9-50 制作片尾动画后的"时间轴"状态

注意：片尾动画中使用的一些文字特效和人物扫光特效，与前面的特效制作具有相似性，这里不再逐一介绍，读者可参阅前面章节内容的讲解。

6）在最上层新建图层并重命名为"代码控制"，在第 1 帧输入脚本"fscommand（"fullscreen"，true）；"，最后 1 帧输入脚本"stop（）；"。

6. 保存测试影片

测试观看影片并保存，即完成动画制作。

通过本例的学习，读者可以掌握片头动画的制作方法，并从中学会通过基础知识的综合运用来制作更加复杂、绚丽的动画作品，让作品上一个层次。

9.2 电子相册制作——视觉大餐

本例综合运用 Flash CS6 的各种功能，在动画演示过程中，经过一段闪亮开场后进入图片展示界面；在功能上实现可自动播放所有的图片或有控制性的单张展示，也可以通过下边的滚动条快捷地选择需要欣赏的图片，同时也实现了图片的放大或缩小功能，让读者可以随心所欲地欣赏图片。设计思路有制作横排的快捷浏览窗口、制作图片的显示效果、制作按钮和标题、添加控制代码。设计效果如图9-51所示。

具体的制作过程如下。

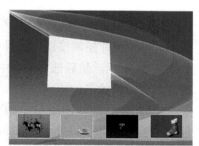

图 9-51 电子相册最终设计效果

1. 制作横排快捷浏览窗口

1）新建一个 Flash 文档，设置文档尺寸为"500 像素×375 像素"，背景颜色为"黑色"，帧频为"24"，其他属性试用默认参数。

2）选择【文件】/【导入】/【导入到库】菜单命令，将教学资源包中素材\第九章\电子相册\"image"文件夹中的图片和"music"文件夹中的声音导入"库"面板中。

3）将默认的"图层1"重命名为"背景"层，选择【文件】\【导入】\【打开外部库】菜单命令，打开教学资源包中素材\第九章\电子相册.fla文件，将背景文件夹中名为"动态背景"的影片剪辑元件拖到舞台中，并调整元件大小为"500 像素×375 像素"并与舞台居中对齐，然后在第 120 帧处插入帧，如图 9-52 所示。

4）新建图层并重命名为"开场动画"层，将"库－电子相册.fla"中"矩形边框"文件夹中名为"横排图片背景"的影片剪辑元件拖到舞台中，设置坐标 x 为"868.3"，y 为"98.3"，然后在第 7 帧处插入一个关键帧，并将元件调整到图 9-53 所示的位置，在第 1 帧和第 7 帧之间创建补间动画。

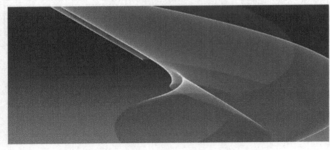

图 9-52　导入动态背景

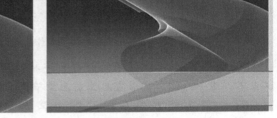

图 9-53　调整元件位置

5）新建图层并重命名为"快捷浏览"层，在第 13 帧处插入关键帧，将"库－电子相册.fla"\"图片控制按钮"文件中名为"01"的按钮元件拖到舞台中，调整其大小为"32%"，如图 9-54 所示。然后选中舞台中的元件，把它转换为名为"快捷按钮"的影片剪辑元件，并双击进入其编辑状态。

6）把默认的"图层1"重命名为"01"层，在第 100 帧处插入帧。然后将舞台中的按钮元件的"实例名称"设置为"pictuer01"。分别在第 1 帧和第 4 帧处插入关键帧，调整第 1 帧元件的 Alpha 值为"0%"，并创建补间动画。

7）新建图层并重命名为"02"层，将"库－电子相册.fla"\"图片控制按钮"文件夹中名为"02"的按钮元件拖到舞台中，并设置其"实例名称"为"picture02"，然后在第 8 帧和第 11 帧之间制作与"01"相同的渐显效果，如图 9-55 所示。

8）用同样的方法制作"03"和"04"层的效果。新建图层并重命名为"music"层，分别在第 1 帧、第 8 帧、第 15 帧和第 23 帧插入声音"soundl.mp3"，"时间轴"状态如图 9-56 所示。

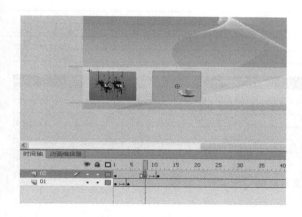

图 9-54 导入 01 图片按钮

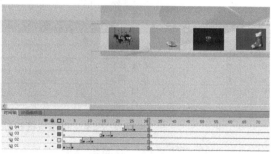

图 9-55 导入 02 图片按钮

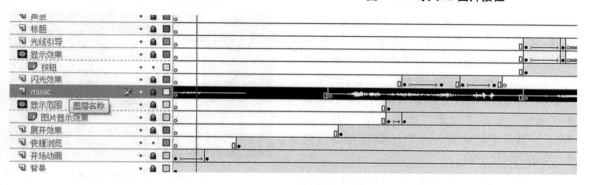

图 9-56 插入声音后的"时间轴"状态

　　注意：添加声音时，在"属性"面板对声音进行剪裁，只留下有声音的部分，其他多余的部分剪裁掉。

　　9）用同样的方法制作第 2 组图片按钮和第 3 组图片按钮，分别如图 9-57 和图 9-58 所示，最终"快捷按钮"的影片剪辑元件的"时间轴"状态如图 9-59 所示。

　　注意：第 2 组图片的起始帧为 45，结束帧为 70，第 3 组图片起始帧为 75，结束帧为 100。两个关键帧之间相差 3 个帧。

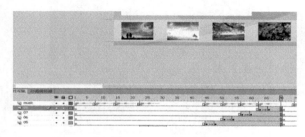

图 9-57 第 2 组图片按钮

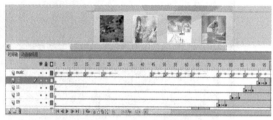

图 9-58 第 3 组图片按钮

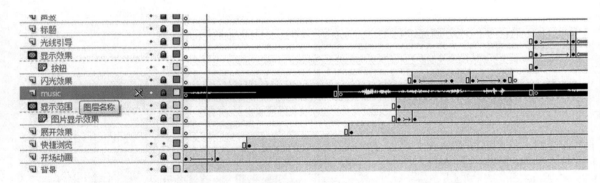

图 9-59　制作快捷按钮文件后的"时间轴"状态

10）退出元件编辑，返回主菜单。

2. 制作图片的显示效果

1）新建图层并重命名为"展开效果"层，在第 50 帧处将"库 – 电子相册 . fla"中名为"图片展开效果"的图形元件拖到舞台中，设置它的宽、高分别为"422 像素""275 像素"，它的 x、y 坐标分别为"198. 5 像素""146 像素"，在"属性"面板中设置"图形选项"为"播放一次"，这样它将实现一张白纸翻转到舞台的效果，如图 9-60 所示。

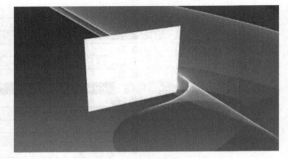

图 9-60　图片的显示效果

2）新建图层并重命名为"图片效果显示"层，在第 59 帧处插入关键帧，将"库"面板中名为"1. jpg"的图片拖到舞台中，设置其宽高为"336 像素 ×230 像素"，x、y 坐标分别为"26 像素"、"27 像素"，此时的舞台效果如图 9-61 所示。

3）将舞台中的图片转换为名为"图片的显示效果"的影片剪辑元件，双击进入编辑状态。

4）把默认的"图层 1"重命名为"图片"层，在第 2 帧插入一个空白关键帧，把"库"中名为"02. jbp"的图片拖到舞台中，设置其宽高"336 像素 ×230 像素"，x、y 坐标均为"0"，此时的舞台效果如图 9-62 所示。

图 9-61　第一张图片显示效果

图 9-62　第二张图片显示效果

5）用同样的方法，分别在第 3 帧到第 12 帧之间插入相对应的图片"03. jpg"至"12. jpg"。

6）新建图层并重命名为"遮罩效果"层，将"库－电子相册.fla"中"遮罩效果"的文件夹复制到本库中，然后将"库"面板中"遮罩效果"文件夹中名为"遮罩效果 08"的影片剪辑元件拖到舞台，调整其旋转角度为"45°"，x、y 坐标分别为"320 像素""－50 像素"，如图 9-63 所示。

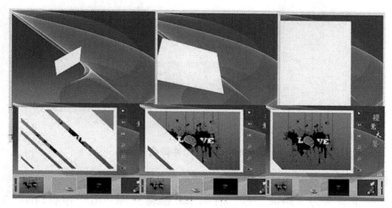

图 9-63 遮罩效果

7）用同样的方法，分别在第 2 帧到第 12 帧之间插入各种遮罩效果，然后将"遮罩效果"层转换为"遮罩层"。"库－电子相册.fla"中共有 7 种遮罩效果，注意不要在相邻两帧插入相同的遮罩效果。

8）新建图层并重命名为"AS"层，分别在第 1 帧到第 12 帧每 1 帧都输入脚本"stop（）;"，此时的"时间轴"状态如图 9-64 所示。

⊓ AS	∘ 🔒 ⬛	∘
⊓ 声波	∘ 🔒 ⬛	
⊓ 标题	∘ 🔒 ⬛	∘
⊓		

图 9-64 输入脚本"stop（）;"后的"时间轴"状态

9）退出元件编辑，返回主场景。

10）新建图层并重命名为"显示范围"层，在第 50 帧处插入关键帧，然后在舞台中绘制一个矩形，填充颜色为"#3399FF"，然后将"显示范围"图层转换为遮罩层。

3. 制作按钮和标题

1）新建图层并重命名为"按钮"层，在第 85 帧将"库－电子相册.fla"\"按钮"文件夹中的按钮，按照图 9-65 所示的方式排列在舞台中。新建图层并重命名为"显示效果"层，并在第 85 帧到第 92 帧为"按钮"层作一个遮罩层，实现它们整体制作渐显效果，然后在第 93 帧处插入空白关键帧。

2）新建图层并重命名为"标题"层，在第 100 帧将"库－电子相册.fla"中名为"标题"的影片剪辑元件拖到舞台中，如图 9-66 所示。在第 100 帧

图 9-65 添加按钮与标题

到第 106 帧之间制作从右闪入舞台的显示效果。

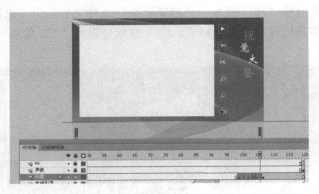

图 9-66　标题元件舞台效果

4. 添加控制代码

1）新建图层并重命名为"声波"层，在第 120 帧将"库 – 电子相册 . fia"\ "声波"文件夹中名为"声波"的影片剪辑元件拖到舞台中，设置"实例名称"为"shenbo"，x、y 坐标分别为"470 像素""270 像素"。

2）分别设置"快捷浏览"层上的"快捷浏览"元件的"实例名称"为"fashButton"，"图片效果显示"层上的"图片效果显示"元件的"实例名称"为"picture"。

3）双击"快捷按钮"元件，进入元件编辑，在最上层新建一个名为"AS"的图层，在第 1 帧设置"帧标签"为"One"。然后在第 30 帧处插入一个关键帧，输入如下的控制代码。

```
stop();
    picture01.addEventListener(MouseEvent.CLICK,pic1);
    functionpic1(event:MouseEvent):void{
    Movieclip(root).picture.gotoAndStop(1);
    }

    picture02.addEventListener (MouseEvent . CLICK, pic2 ) ;
    function pic2 (event:MouseEvent):void{
    MovieClip(root).picture.gotoAndStop(2);
    }

    picture03.addEventListener (MouseEvent . CLICK, pic3 ) ;
    function pic3 (event:MouseEvent):void{
    MovieClip(root).picture.gotoAndStop(3);
    }

    picture04.addEventListener (MouseEvent . CLICK, pic4 ) ;
    function pic4 (event:MouseEvent):void{
    MovieClip(root).picture.gotoAndStop(4);
    }
```

4）在第 45 帧设置"帧标签"为"Two"，在第 70 帧输入代码控制 picture05 到 picture08 相对应的图片显示，与第 30 帧代码类似，只需要改编代码中的编号即可。

5）在第 75 帧设置"帧标签"为"Three"。在第 100 帧输入代码控制 picture09 到 picture012 相对应的图片显示，与第 30 帧代码类似，只需要改编代码中的编号即可，此时的"时间轴"状态如图 9-67 所示。

图 9-67　添加控制代码后"时间轴"状态

6）退出原件编辑，返回主场景。

7）选中"按钮"层，分别设置"播放控制按钮"元件的"实例名称"为"Start"，"下一张"为"nextButton"，"上一张"为"prevButton"，"放大"为"bigButton"，"缩小"为"smallButton"，"声音控制按钮"为"play_pause_btn"，"向前滚动"为"prevFrom"，"向后滚动"为"nextFrom"。

8）在最上层新建一个名为"AS"的图层，在第 120 帧处插入一个关键帧，输入如下的控制代码。

```
stop( ) ;
    //输入声音
    var snd : bgSound = new bgSound();
    var channel: SoundChannel = snd.play(20,9999)

    //自动播放按钮
    var delayTimer:Timer;
    var playGO:Boolean = true;
    delayTimer = new Timer(3000);
    delayTimer.addEventListener(TimerEvent.TIMER,newShiop);
function newShip( event:TimerEvent){
this.picture.nextFrame( );
}
Start.addEnentListener(MouseEvent.CLICK,DT);
Function DT(event:MouseEvent):void{
if (playGO) {
    delayTimer.start( );
    this.Start.gotoAndstop(2);
    playGO = false;
} else {
    delayTimer.stop( );
    this.Start.gotoAndstop(1);
    playGO = true;
}
}

    //下一张
nextButton .addEventListener(MouseEvent.CLICK,goTo2);
```

```
function goTo2(event:MouseEvent):void{
this.picture.nextFrame();
}
```

//上一张
```
prevButton.addEventListener(MouseEvent.CLICK,goTo3)
function goTo3(event:MouseEvent):void{
this.picture.nextFrame();
}
```

//放大按钮
```
bigButton.addEventListener(MouseEvent.CLICK,area);
function area(event:MouseEvent):void {
this.picture.width =  this.picture.width +50;
this.picture.height =  this.picture.height +34;
}
```

//缩小按钮
```
smallButton.addEventListener(MouseEvent.CLICK,area1);
function area1(event:MouseEvent):void {
this.picture.width =  this.picture.width +50;
this.picture.height =  this.picture.height -34;
}
```

//定义用于存储当前播放位置的变量
```
var pausePosition:int =0;
var playingState:Boolean =ture;
play_pause_btn.addEventlistener(MouseEvent.CLICK,onPlaypause);
```
//定义播放暂停按钮上的单击响应函数
```
function onpPlaypause(e) {
```
//判断是否处于播放状态
```
if (playingState) {
```
//为真,表示正在播放
//存储当前播放位置
```
pausePostion = channel.position;
```
//停止播放
```
channel.stop();
this.play_pause_btn.gotoAndStop(2);
this.shenbo.gotoAndPlay(26);
```
//设置播放状态为假
```
playingState = false;
}else {
```
//不为真,表示已经暂停播放
```
this.play_pause_btn.gotoAndStop(1);
```
//从存储的播放位置开始播放音乐
```
Channel = snd.play(20,9999);
This.shenbo.play();
```
//重新设置播放状态为真
```
Playingstate =true
```
//下一组图片
```
nextFrom.addEventListener(MouseEvent.CLICK,goTo01);
```

```
function goTo01(event:MouseEvent):void{
if(this.fastButton.currentFrame = =30){
this.fastButton.gotoAndPlay("Two");
}
If(this.fastButton.currentFrame = =60){
This.fastButton.gotoAndPlay("Three");
}
}
//上一组图片
prevFrom.addEventListener(MouseEvent.CLICK,goTo02);
function goTo02(event:MouseEvent):void{
if(this.fastButton.gotoAndPlay("One");
}
If(this.fastButton.currentFrame = =90){
This.fastButton.gotoAndPlay("Two");
}
}
```

5. 保存测试影片

测试影片并保存，即完成动画的制作。

通过本例的学习，读者可以进一步地巩固前面章节所学的基础知识，并初步掌握 Flash CS6 各种功能的综合应用，从而使动画作品更加完美。

9.3　Flash 网站开发——新型团队网站

　　Flash 动画的最大优势就是流行于网络以及支持交互，本案例就利用 Flash 的这一特点，开发一个与传统网站具有较大差别的新型网站。该网站摒弃了传统网页翻页浏览的做法，改为弹出窗口式的浏览方式，窗口支持最大化、关闭、编辑等特点，使用起来也十分方便。设计思路有网页设计分析、图形素材制作、控制代码开发、测试完善网站。新型团队网站设计效果如图 9-68 所示。

图 9-68　新型团队网站设计效果

9.3.1 开发准备——设计分析

对于较大型网站的开发，前期的设计分析尤为重要。可以说设计分析决定了作品的整体水平。

本实例开发的是一个团队的网站，所以根据一般团队对其宣传网站的功能需求，这里将网站的页面划分为如图 9-69 所示的板块。

其中"开始""团队介绍""动画展示""视频展示""仿真技术""联系我们"6 个小板块为 6 个导航按钮，用于打开相对应的窗口，并在主窗口区中进行展示，从而完成网页的宣传功能。

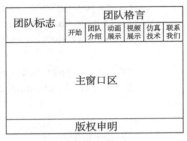

团队标志	团队格言					
	开始	团队介绍	动画展示	视频展示	仿真技术	联系我们
	主窗口区					
	版权申明					

图 9-69　团队网站板块划分

9.3.2 实例开发——非代码部分

网站板块中的团队标志、团队格言、版权申明都不需要进行代码编辑，较为简单。

具体的制作过程如下。

1. 背景制作

1）新建一个 Flash 文档，设置文档尺寸为 "766 像素 × 660 像素"，背景颜色为 "黑色"，其他属性使用默认参数。

2）新建 5 个图层，并从上到下依次重命名为 "导航按钮" 层、"团队标志" 层、"团队格言" 层、"版权申明" 层和 "背景" 层，如图 9-70 所示。

3）选中 "背景" 层，将教学资源包中的素材 \ 第九章 \ 新型团队网站开发 \ 网页背景图片 . png 文件导入到舞台中，调整图片尺寸为 "766 像素 × 600 像素" 并与舞台居中对齐，使其刚好覆盖整个舞台，如图 9-71 所示。

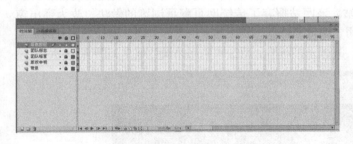

图 9-70　新建 5 个图层

图 9-71　导入网页背景文件的舞台效果

2. 制作团队标志

1）新建一个影片剪辑元件，并重命名为 "团队标志"，进入元件内部编辑。将默认 "图层1" 重命名为 "背景图形" 层。

2）选择 "椭圆" 工具，绘制一个圆形，在其 "属性" 面板中设置宽高为 "120 像素 × 120 像素"，笔触颜色和填充颜色都为 "黑色"，笔触高度为 "1"，位置坐标 x、y 均为 "0"。

3）选择 "矩形" 工具，绘制一个矩形，在其 "属性" 面板中设置宽高为 "240 像素 × 120 像素"，填充颜色为 "无"，笔触颜色都为 "黑色"，笔触高度为 "1"，位置坐标 x、y 分别为 "60 像素" "0"。

4）删除图 9-72 中矩形左边与圆重叠的多余边，然后选择 "颜料桶" 工具，填充圆形和矩形框构成的图形，填充颜色设置为 "白色"。

5）新建图层并重命名为"文字"层，将其拖到"背景图形"图层的上面。

6）选择"文字"工具，输入字母"Victory"，设置字体为"Times New Roman"，文字颜色为"白色"。选中字母"ictory"，设置其字体大小为"12"。选中字母"V"，设置其字体大小为"160"，设置"V"的字母间距为"－30"，然后设置文字的位置如图 9-72 所示。

7）使用"文字"工具输入文字"蓝鹰科技"，并设置文字字体为"方正综艺简体"（读者也可以选择一种自己喜欢的字体），文字大小为"35"，文字颜色为"#003399"，字母间距为"5"，并设置文字的位置如图 9-73 所示。

图 9-72 设置文字 1

图 9-73 设置文字 2

8）至此，团队标志制作完成，选中主场景中的"团队标志"图层，并将"团队标志"元件拖到主场景中，放置到如图 9-74 所示的位置。

3. 制作团队格言

1）新建一个影片剪辑元件，命名为"团队格言"。进入元件内部进行编辑，新建如图 9-75 所示的 5 个图层，并延长所有图层至第 180 帧处。

2）在"大海浪"和"小海浪"图层上分别绘制如图 9-76 所示海浪图形。设置海浪图形的填充颜色为"#00CDFF"，Alpha 参数为"30%"，笔触颜色为"#00CDFF"，Alpha 参数为"40%"。

图 9-74 "团队标志"放入主场景

图 9-75 新建图层

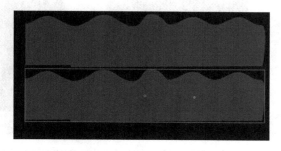

图 9-76 绘制海浪图形

3）设置"大海浪"图形的大概位置坐标 x、y 分别为"－245.0 像素""0"，设置"小海浪"图形的位置坐标 x、y 分别为"－405.5 像素""13.5 像素"，如图 9-77 所示。

4）在"大海浪"和"小海浪"图层的第 180 帧处插入关键帧，并在第 180 帧处，设置"大海浪"图形的大概位置坐标 x、y 分别为"－52.0 像素""0"，设置"小海浪"图形的大概位置坐标 x、y 分别为"－65.5 像素""13.5 像素"，如图 9-78 所示。

说明：此处设置海浪的位置是为了制作优美的海浪效果，所以对海浪的位置和大小没有精确的要求，只要满足最终的设计效果即可。

图 9-77　设置海浪坐标位置　　　　　　　　图 9-78　设置海浪第 180 帧的位置

5）在"大海浪"和"小海浪"图层上创建形状补间动画。

6）在"海浪遮罩"图层上利用"矩形"工具绘制一个圆角矩形，并设置圆角矩形在第 1 帧处的位置如图 9-79 所示。

7）将"海浪遮罩"层转化为遮罩层，"大海浪"层和"小海浪"层都转化为被遮罩层，得到如图 9-80 所示的效果。

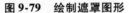

图 9-79　绘制遮罩图形　　　　　　　　　　图 9-80　海浪效果

8）为了制作方便，将"海浪遮罩""大海浪""小海浪"3 个图层锁定。在"聚光特效"层的第 15 帧处插入关键帧，然后利用"椭圆"工具绘制一个圆形，设置圆的填充类型为"放射状"，笔触颜色为"无"，效果如图 9-81 所示。

9）在第 20 帧处插入关键帧，然后再返回第 15 帧，使用"任意变形"工具将圆形调整成图 9-82 所示的形状。

10）在第 15 帧和第 20 帧之间创建形状补间动画，得到聚光效果，然后在第 22 帧处插入空白关键帧。

11）在"文字"图层的第 21 帧插入关键帧，然后使用文字工具输入"拼"字，设置文字的颜色为"#FFFF00"，设置文字的大小和位置如图 9-83 所示。

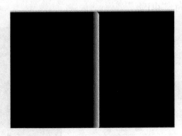

图 9-81　绘制图形　　　　　图 9-82　调整图形形状　　　　　图 9-83　输入文字

12）每间隔 3 帧，使用同样的方法制作剩下的 7 个字"搏睿智创新务实"的动画，制作完成，文字聚光特效如图 9-84 所示。

13）在文字层的第 161 帧处插入关键帧，将文字图层上的所有文字转化为元件，然后在第 180 帧处插入关键帧，设置第 180 帧文字元件的 Alpha 值为"0"。在第 161 帧和第 180 帧之间创建补间动画，完成文字消失的特效，如图 9-85 所示。

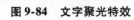

图 9-84　文字聚光特效　　　　　　　　　　图 9-85　文字消失的特效

14）至此"团队格言"元件制作完成。将其拖到主场景的"团队格言"图层上，并设置其位置如图9-86所示。

4. 制作版权申明

版权制作十分简单，在主场景的"版权申明"图层上，绘制一条直线，然后输入"蓝鹰科技版权所有"8个字，并将其放置到舞台的最下边，即制作完成，如图9-87所示。

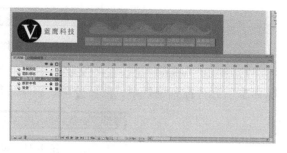

图9-86 放置团队格言的位置

图9-87 制作版权申明

9.3.3 实例开发——代码部分

剩下的导航按钮和弹出窗口的制作较为复杂，最终要实现导航按钮控制窗口的弹出，所以一定要注意按钮制作和窗口制作的关联部分。

由于本案例中涉及的导航按钮和弹出窗口制作方法大致一样，所以这里以"团队介绍"相关的弹出窗口和导航按钮的制作为例来讲解。

制作步骤如下。

1. 弹出窗口制作

1）新建一个影片剪辑元件，重命名为"TeamWindows"，然后进入元件内部进行编辑。

2）新建6个图层，从上到下依次按照如图9-88所示命名。

3）在"背景"图层上，选择"矩形"工具，绘制一个矩形，其矩形边角半径为"10"，填充颜色为"黑色"，Alpha值为"40%"，笔触颜色为"黑色"，宽高为"350像素×230像素"，位置坐标x、y均为"0"，如图9-89所示。

图9-88 新建6个图层并命名

图9-89 绘制矩形及设置参数

4）选择矩形，将其转化为影片剪辑元件，并设置其"实例名称"为"windowsBG"，以备后面程序调用。

5）复制矩形，使用【粘贴到当前位置】命令将其复制到"wBar"层，然后锁定"背景"层。将"wBar"层上的矩形分离，删去多余部分，并设置图形的填充颜色为"#D2BD25"，笔触颜色为"无"。

6）选中图形，将其转化为元件，并进入元件内部进行编辑，最后制作成如图9-90所示的发光效果。返回并设置元件的"实例名称"为"windowsBar"，以备后面程序调用。

图 9-90　制作矩形的发光效果

7）锁定"wBar"层，在"文字"图层上使用"文字"工具输入"团队介绍"。再将"团队标志"元件拖到场景中，然后分离、删除后得到如图 9-91 所示的整体效果。

图 9-91　设置文字的效果

8）选择"线条"工具，在"按钮"层绘制一个关闭图形。然后选中该图形，将其转化为按钮元件，并进入内部进行编辑。在"指针经过"帧处插入关键帧，在"按下"帧处插入帧。

9）至此关闭按钮制作完成，返回并设置关闭按钮的"实例名称"为"windowsExit"。使用相同的方法制作最大化按钮和还原按钮，设置最大化按钮的"实例名称"为"windowsMaximize"，还原按钮的"实例名称"为"windowsRestore"。

10）设置关闭按钮和最大化按钮的位置。

11）"介绍内容"图层中可以根据读者的需要进行填写，这里填入图 9-92 所示的信息。

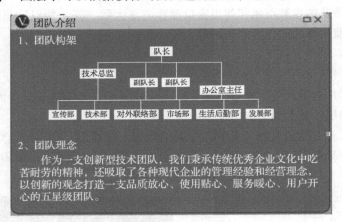

图 9-92　介绍内容

12）选中"AS"层，在第 1 帧输入以下代码。

```
stop();
//为背景元件添加鼠标单击事件
windowsBG.addEventListener(MouseEvent.CLICK,onClickBB);
//为 windowsBar 元件添加鼠标单击事件
windowsBar.addEventListener(MouseEvent.CLICK,onClickBB);
//为 windowsBar 元件添加鼠标按下事件
windowsBar.addEventListener(MouseEvent.MOUSE_DOWN,onMouseDownBar);
//为 windowsBar 元件添加鼠标松开事件
windowsBar.addEventListener(MouseEvent.MOUSE_UP,onMouseUPBar);
//为关闭按钮添加鼠标单击事件
windowsExit.addEventListener(MouseEvent.CLICK,onClickExit);
//为最大化按钮添加鼠标单击事件
windowsMaximize.addEventListener(MouseEvent.CLICK,onClickMaximize);
```

```
//定义背景单击相应函数
function onClickBB(event:MouseEvent):void{
var temp:TeamWindows = TeamWindoes(event.target.parent);
temp.parent.setChildIndex(temp,temp.parent.numChildren－1);
}
//定义鼠标在Bar上按下的响应函数
function onMouseDownBar(event:MouseEvent):void{
var temp:TeamWindows = TeamWindows(event.target.parent);
temp.parent.setChildIndex(temp,temp.parent.numChildren－1);
var temprec:Rectangle = new Rectangle(0,130,415,470);
event.target.parent.startDrag(false,empRec);
}
//定义鼠标在Bar上松开的响应函数
function onMouseUpBar(event:MouseEvent):void{
event.target.parent.stopDrag();
}
//定义最大化响应函数
function onClickMaximize(event:MouseEvent):void{
var temp:TeamWindows = TeamWindows(event.target.parent);
temp.parent.setChildIndex(temp,temp.parent.numChildren－1);
temp.gotoAndPlay(2);
temp.x = 0;
temp.y = 130;
}
//定义关闭按钮的响应函数
function onClickExit(event:MouseEvent):void{
var temp:teamWindows = TeamWindows(event.target.parent);
temp.parent.removeChild(temp);
}
```

13）至此，弹出窗口的第 1 帧就制作完成了。第 2 帧的制作非常简单，只需对第 1 帧的内容进行调整和放大即可，得到如图 9-93 所示的效果。注意第 2 帧的背景元件的宽高为"760 像素×500 像素"，位置坐标 x、y 均为"0"。

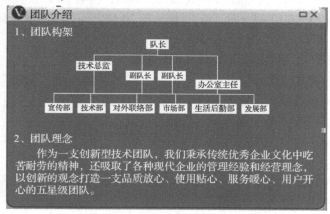

图 9-93 第 2 帧效果

14）在"AS"图层的第 2 帧插入关键帧，并为还原按钮输入以下代码。

```
stop();
windowsRestore.sddEventListener(MouseEvent.CLICK,onClickRestore);
function onClickRestore(event:MouseEvent):void{
var temp:TeamWindows = TeamWindows(event.target.parent);
temp.parent.setChildIndex(temp,temp.parent.numChildren-1);
temp.gotoAndPlay(1);
temp.x=200;
temp.y=260;
}
```

注意： 可在教学资源包素材 \ 第九章 \ 新型团队网站开发 \ Teamwindows 第 2 帧 . txt 中获取所有代码。

15）至此"TeamWindows"元件的制作就完成了。在"库"中鼠标右键单击该元件，打开"链接属性"对话框，勾选"为 ActionScript 导出"选项。注意这里"类"选项填写的内容为"TeamWindows"。如果这里出错了，后面的窗口调用就会失败。

16）使用以上的方法，即可制作其他的弹出窗口。

2. 导航按钮制作

1）新建一个影片剪辑元件，命名为"b 团队介绍"。进入元件内部进行编辑，新建 6 个图层。设置"背影遮罩"层为遮罩层，"背影"层为被遮罩层，并延长所有图层至第 20 帧。

2）在"中文部分"图层输入"团队介绍"，设置字体为"黑体"，字体大小为"15"，字体颜色为"白色"，然后在"英文部分"图层输入字母"Team introduce"，设置字体为"Tahoma"，字体大小为"10"，字体颜色为"白色"。

3）选中"团队介绍"4 个字，并将其转化为元件。在"中文部分"图层的第 10 帧和第 20 帧处插入关键帧，并设置第 10 帧元件的"色调"为"黑色"。在第 1 帧和第 10 帧之间、第 10 帧和第 20 帧之间创建补间动画。

4）在"背影遮罩"层绘制矩形。

5）在"背影"层绘制矩形，设置矩形的填充颜色为"#CCCCCC"，笔触颜色为"无"。

6）在"背影"层的第 10 帧和第 20 帧处插入关键帧，在第 10 帧设置"背影"和"背影遮罩"重合，并在第 1 帧和第 10 帧之间、第 10 帧和第 20 帧之间创建形状补间动画。至此，按钮的动态效果就制作完成了。

7）在"感应按钮"图层绘制矩形，使其刚好覆盖所有的文字。

8）选中该图形，将其转化为按钮元件，进入内部进行编辑。将"弹起"帧上的关键帧拖到"点击"帧上。编辑完成返回，设置按钮的"实例名称"为"bButton"。

9）在"AS"图层的第 1 帧上输入以下代码。

```
stop();
//为 bButton 添加鼠标在其内的事件
bButton.addEventListener(MouseEvent.MOUSE_OVER,onMouseOver);
//为 bButton 添加鼠标在其外的事件
bButton.addEventListener(MouseEvent.MOUSE_OUT,on Mouseout);
//为 bButton 添加鼠标单击的事件
```

```
bButton.addEventListener(MouseEvent.CLICK,onClick);
//当鼠标移动到按钮上时,该按钮元件跳转到第 2 帧并进行播放
function onMouseUpBar(event:MouseEvent):void{
gotoAndPlay(2);
}
//当鼠标移动离开按钮上时,该按钮元件跳转到第 11 帧并进行播放
function onMouseUpBar(event:MouseEvent):void{
gotoAndPlay(11);
}
//当鼠标移动离开按钮上时,在主场景创建 TeamWindows 元件,并设置其位置
function onClick (event:MouseEvent):void{
var temp:Object = event.target.parent;
var myTeamWindows:TeamWindows = new TeamWindows();
myTeamWindows.x =10;
myTeamWindows.y =140
temp.parent.addchild(myTeamWindows);
}
```

注意： 可在教学资源包素材/第九章/新型团队网站/b 团队介绍第一帧 . txt 中获取所有代码。

10）在 "AS" 图层的第 10 帧处插入关键帧，并在该帧插入 "stop( )；"。至此 "介绍团队" 的按钮制作完成。

11）使用相同的方法即可制作其他导航按钮。制作完成后，将所有的导航按钮放置到如图 9-94 所示的舞台上。

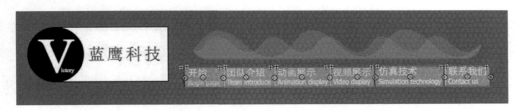

图 9-94　放置导航按钮

9.3.4　结束工作——测试发布

一个优秀的作品，总是通过多次的测试和修改完成的。所以，在本书的介绍部分，希望读者耐心地完成最后的完善工作。

1）测试网站，测试观察影片，基本满足团队宣传网站的需要。

2）发布网站，打开 "发布网站" 对话框，在 "格式" 中勾选 "html" 选项，在 "html" 中设置 "尺寸" 为 "1024 像素×768 像素"，设置 "flash 对齐" 为 "居中"。

设置完成后，发布网站。打开发布的 "新型团队网站开发 . html" 观看效果。

通过案例的讲解，为读者讲述了 Flash CS6 制作网站的神奇效果。使用 Flash CS6 开发网站，可以打破网站的传统制作思路，使其具有操作简单、作品新颖、使用便捷等许多特点，并展示了一种新型的网站开发技巧，为读者提供新的网站开发思想源泉。

本章小结

　　本章通过 3 个大型的综合实例的讲解，将前面 8 章的内容进行了全新的诠释和升华。读者只要掌握了这 3 个典型实例的制作方法，并融会贯通，即可推广到其他的 Flash 作品的制作中。

思考与练习

　1. 从本章的 3 个实例出发，认真总结 Flash 开发的思路和技巧。
　2. 重做本章全部实例。

参 考 文 献

[1] 李光忠，邵兰浩. Flash 动画设计教程 ［M］. 北京：水利水电出版社，2009.
[2] 邓文达. 最新 Flash 动画设计高级教程 ［M］. 北京：中国青年出版社，2011.
[3] 胡国钰. Flash 经典课堂——动画、游戏与多媒体制作案例教程 ［M］. 北京：清华大学出版社，2013.
[4] 肖康亮，赵娟. Flash CS6 标准教程 ［M］. 北京：中国青年出版社，2011.
[5] 王智强，池同柱. Flash CS6 标准教程 ［M］. 北京：中国电力出版社，2011.
[6] 王德永，樊继. Flash 动画设计与制作实例教程 ［M］. 北京：人民邮电出版社，2011.
[7] 李昕. Flash 动画制作实训教程 ［M］. 上海：上海人民美术出版社，2015.
[8] 贺鹏，谢雨，倪培铭. 最新 Flash 动画设计高级教程 ［M］. 北京：中国青年出版社，2013.
[9] 张凡. Flash CS6 实用教程 ［M］. 北京：机械工业出版社，2012.
[10] 刘旭光，王丹丹，沈萍. Flash CS6 动画制作案例教程 ［M］. 南京：江苏大学出版社，2011.
[11] 耿增民，刘正东，孙晓东，等. Flash CS6 计算机动画设计教程 ［M］. 北京：中国铁道出版社，2010.